全国高等院校艺术设计规划教材

U0211976

产品设计表现技法

郭宇承　任文营　高一帆　编著

清华大学出版社
北　京

内 容 简 介

产品设计是一项综合性的规划活动，它要求设计师具有综合的创造能力，例如产品的外观造型设计、色彩设计、人机因素的考虑等。本书根据实践需要分别讲述了产品设计表现的基本概念、分类、特点、功能，以及产品设计表现的基础技能等内容。

本书从产品设计的学科背景、学习目标入手，结合工业设计、三大构成等相关知识，综合地介绍了产品设计表现技法的理论知识及实践过程，以及产品设计表现的审美规律、造型基础、表现载体、发展趋势等知识。尤其在阐述了产品设计表现在工业设计领域的重要作用的同时，还给产品设计表现提供了实践技巧。

本书可作为高等院校工业设计及相关专业教材，也可供从事设计的工作人员参考使用。

图书在版编目(CIP)数据

产品设计表现技法/郭宇承，任文营，高一帆编著. —北京：清华大学出版社，2017
(全国高等院校艺术设计规划教材)
ISBN 978-7-302-44251-6

Ⅰ. ①产… Ⅱ. ①郭… ②任… ③高… Ⅲ. ①产品设计—高等学校—教材 Ⅳ. ①TB472

中国版本图书馆CIP数据核字(2016)第152882号

责任编辑：陈冬梅 孟 攀
封面设计：刘孝琼
责任校对：周剑云
责任印制：杨 艳

出版发行：清华大学出版社
    网　　址：http://www.tup.com.cn, http://www.wqbook.com
    地　　址：北京清华大学学研大厦A座　　　邮　　编：100084
    社 总 机：010-62770175　　　　　　　　邮　　购：010-62786544
    投稿与读者服务：010-62776969, c-service@tup.tsinghua.edu.cn
    质量反馈：010-62772015, zhiliang@tup.tsinghua.edu.cn
    课件下载：http://www.tup.com.cn, 010-62791865
印 装 者：北京亿浓世纪彩色印刷有限公司
经　　销：全国新华书店
开　　本：190mm×260mm　　　印　　张：10　　字　　数：241千字
版　　次：2017年6月第1版　　　印　　次：2017年6月第1次印刷
印　　数：1～2000
定　　价：38.00元

产品编号：065151-01

随着现代科学技术的发展，产品设计已由过去单纯的结构性能设计发展到今天的功能与结构性能的设计。这是一种观念的更新，一种设计思想和设计方法的更新。无论是设计人员，还是管理人员，都必须适应这一新的需要，这是现代化发展的必然要求。

本书针对产品设计表现技法，采用理论结合实际的方法，对其进行了深入浅出的讲解。

本书共10章，各章内容具体如下。

第1章为产品设计表现的综述部分，阐述了与绘画艺术的不同，产品设计表现是通过图形、文字对全新的产品进行全面呈现的形式。表现形式多种多样。产品设计表现具有准确性、说明性、实用性、艺术性、多样性的特点。

第2章针对产品设计表现的审美规律进行阐述。一般情况下，产品设计表现的要素分为形态要素、色彩要素等。产品设计表现有一定的形式美法则，如对称与平衡、节奏与韵律、对比与协调、尺度与比例等方面。本章通过案例也论证了在产品设计表现中使用形式美法则的必要性。

第3章重点讲述了透视法则在产品设计表现技法中的运用。设计透视是一种还原被表现对象真实感的制图方法，具有准确、清晰、易读的特点，其原理是产品设计师在学期初期必须掌握的理论知识，并且需要将这种知识用于实践中。本章就透视进行了详细的阐述，并且将透视的画法进行了分步骤的解读，方便初学者学习。

第4章阐述了产品设计素描造型在产品设计表现技法中的运用。产品设计素描是一种用素描的方法描绘形态的结构规律，描绘形态在三维空间中的组合规律，将结构具象化，从而达到理解形态、认识形态的视觉表现训练方法。

第5章重点概述了产品设计表现的速写基础。阐述了产品设计速写在设计速写中的重要位置。设计速写为设计活动的进行提供了便捷的表现形式，它能真实地反应物体的外观、结构和细节，说明性较强，在产品设计表现中用途非常广泛。除此之外，由于设计速写能将产品的内部结构和外部形态表现出来，且具有很强的严谨性和逻辑性，因此它能够很好地起到沟通的作用。

第6章重点阐述了产品设计表现的构成基础，即三大构成对产品设计表现的作用。

第7章着重讲了产品设计手绘表现的方法及注意事项，使产品设计表现有据可依。

第8章重点分析了计算机的硬件与软件对产品设计的辅助功能，从理论和实证的角度阐述了计算机在产品设计表现领域的重要作用。

第9章从产品设计摄影表达的特征与如何增加图片的感染力的角度讲述了产品设计摄影表现的视觉

传达功能。

第10章为本书的最后一章，作为一个展望章节，阐述了产品设计表现的趋势。

本书由华北理工大学的郭宇承、任文营、高一帆老师编写。参与本书编写工作的还有吴涛、阚连合、张航、李伟、封超、刘博、王秀华、薛贵军、周振江、张海兵等。本书图片分别来源于：百度图片网、中国设计手绘技能网、顶尖设计网、火星网、站酷网等网站，在此表示真挚的感谢。由于编者水平有限，书中难免有一些不足之处，欢迎同行和读者批评指正。

编者

Contents 目录

Contents

第 1 章

产品设计表现概述

学习目标

- 掌握产品设计表现与产品设计之间密不可分的关系。
- 掌握产品设计表现的目的与要求。
- 总结产品设计表现的特点及种类。

技能要点

产品设计　　设计表现　　产品设计表现

案例导入

产品设计表现

工业化批量生产的工业产品涵盖了生活的方方面面，如日用产品、家用产品、生产工具、交通工具等。其中，工业设计的核心是产品设计。

人类区别于动物的本质就是人类会利用自己的思维对生活进行再创造。从对大自然中器物的使用和改造，到人类发明、创造工具，设计成为提升人与自然和谐相处的法宝之一。如今，人类的生活进入工业时代，工业设计作为一门新的学科，开始逐渐改变人们的生活方式，成为人类设计行为的继承和发展。这门学科结束了手工业时期手工艺的生产方式，是现代科学技术与艺术相结合的产物，如图1-1所示。

图1-1　产品设计快速表现

分析：

图1-1是摩托车的设计表现，通过手绘的形式表现出了摩托车的形态。在工业设计领域，任何一个新产品的产生与完成都是一个从初级到高级的过程，是现代科学技术和人类文化艺术发展的产物，是一个从无到有，从想象到现实的过程。

1

1.1　产品设计表现的概念

　　人类区别于动物的本质在于人有认识世界和改造世界的能力，并且在这个过程中通过思维活动和不断的实践，来推动人类的发展。

　　思想的表现可以通过不同的方式呈现，然而所有的呈现都是以从认知到概括或者从创造到产生的方式存在。从设计的角度看，设计表现属于后者，是通过语言、侧面、手法、形式去描绘一个全新的物体。如图1-2所示，是一组摩托车的手绘作品，通过手绘图对全新的产品进行呈现。如图1-3所示，可通过"加重的塑料底座""弯曲的金属支架"等文字对风扇的设计特点进行描绘。

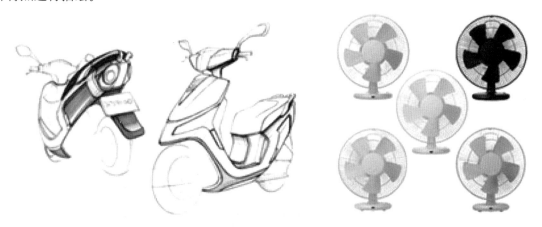

图1-2　产品设计的手绘表现　　　　　　　　图1-3　风扇的设计表现

　　产品设计表现是将抽象的概念转化成具象的可视化物体的过程，是从模糊到清晰的演变过程。在这个过程中，设计师会按照自己的想法，将产品的特点运用有效的手段进行表现，这就是我们常说的产品设计表现，如图1-4、图1-5所示是工业设计师赵家朋手绘的产品表现图，他将彩铅作为手绘表现的工具，笔法流畅且清晰，让人能够在短时间内明白他的表达意图。

图1-4　产品手绘设计1　　　　　　　　　图1-5　产品手绘设计2

　　产品设计表现可能是概念草图，如图1-6所示，也可能是初始形态的草图，也有可能是材料的搭配。这些形态是正式产品在面世之前的初级形态，虽然它们形式不同，但设计的目标及概念的定位却是明确的。设计师在进行概念的创作过程中是有的放矢的，而不是无目的地进行偶然的创造。产品设计表现的过程其实是丰富思路和思维的过程，这个过程可以不断启发设计师的思维，让思维变得清晰，从而更接近理想中的形态。如图1-7所示，通过不同角度的设计及文字说明，清楚地表达了设计师所要表现的产品的创意。

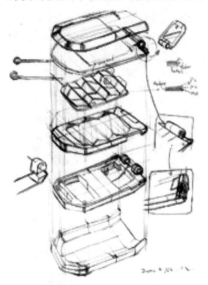

图1-6 产品设计草图1

图1-7 产品设计草图2

知识链接

　　产品设计表现是工业设计的造型语言，是设计师传递想法和创意的必备技能，是产品设计过程中的重要一环。在满足消费者的需要和符合生产加工技术条件方面，产品设计表现具有重要的意义。

[案例一]

概念手机的设计表现

　　产品设计表现是科学与艺术的结合，是形象思维与逻辑思维的完美结合，通过形象的方式进行表达并借助某些媒介表现出来。这不仅要求设计师对设计学及美学有所了解，还应对产品的特征及使用模式进行了解。如图1-8、图1-9呈现的是某款手机的设计效果。该效果图是设计师通过计算机绘图工具绘制的。从设计表现的精致可以想象出，设计师从设计学、人体工程学以及电子工程学等多个角度为观者呈现了该款手机的外形特征，形象逼真。

图1-8 某款手机的创意表现1　　　　　　　图1-9 某款手机的创意表现2

知识链接

产品设计表现的二维和三维技法，通常以绘画训练为基础，但又与纯绘画不同。产品设计表现的技法是在设计思维和方法的指导下，把能满足产品功能需要的产品设计在构想后，通过视觉化的表达手段表现出来，如图1-10所示，是产品设计表现的一种形式——手绘表现。它通过彩色铅笔着重描写产品的外形和特征，清楚地展现了手绘与传统的纯绘画的不同。因此，产品设计表现的技法所使用的专业化语言与传统的纯绘画、雕塑或者其他表现形式不同。

图1-10 手绘的产品设计

1.2 产品设计表现的目的和特点

1.2.1 产品设计表现的目的

产品设计的种类随着社会的跨越式发展以及生活方式的多样化而愈加多样化。因此，产品设计的创意表现形式也有了多样化的面貌。设计师如何表达自己的创意，让设计被使用者所理解和接受就成了产品设计表现的目的。如图1-11所示是手表的设计图，如图1-12所示是一款音箱的设计图，两张图都能够有效地传递设计者的思想和产品特征。

图1-11　手表的设计图

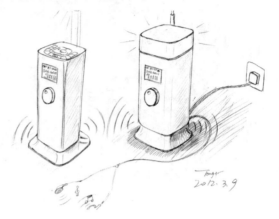

图1-12　音箱的设计图

知识拓展

　　工业设计师在对现有产品进行改进或开发新产品的过程中，都要经历提出问题、分析问题、寻找解决问题的办法、解决问题这一个过程。在这一过程中，设计师需要不断地对不同的设计方案进行修改，并且运用多种熟练的表现技法准确地表现出产品设计。

[案例二]

刘传凯的设计表现

　　能使工业流水线的工作人员了解设计的意图、能使受众很好地了解产品成为产品设计表现的目的。这要求工业设计师应该具备对现有的现象和想象中的形象进行表现的能力，熟练的表现技法成为最基本的设计技能技巧。刘传凯是著名的工业产品设计师，从他的设计草图中可以清晰地看出他的设计意图和设计风格，值得学习者们学习，如图1-13、图1-14所示。

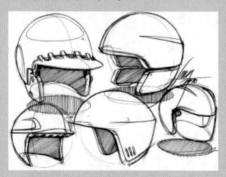

图1-13　刘传凯的手绘表现1

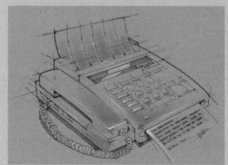

图1-14　刘传凯的手绘表现2

1.2.2 产品设计表现的特点

产品设计表现的作品既要准确、清晰地符合自然规律，又要有很强的直观性和科学性。因此产品设计表现具有以下几个特点。

1. 准确性

同语言表现一样，产品设计表现如果表达得不够准确也容易让人产生歧义和误解。产品设计要得到设计、生产环节中相关工作人员的认同，就应该从表现的初期准确无误地将设计思路和意图表达出来，做到思路与表现相统一，这样既可以做到准确表达设计意图，又能避免不必要的重复和浪费。

知识拓展

正确传达设计的信息是设计表达的首要任务。设计师在传递自己的设计思想时，主要是描述产品的功能特性和形态特征，准确客观地表现产品的形体关系、透视关系、结构关系、比例关系，从视觉感受上建立起设计师与观者之间的有效媒介，从而实现有效的沟通。

---

2. 说明性

设计语言是最丰富生动的语言，这些语言很难用文字来描述和概括其形象特征，这使得产品设计表现具有很好的说明性。比如，一个设计物体的体量、形状、质感、色彩、风格、功能等都很难用简练的文字进行表现，而通过设计表现，就能很好地传达产品的设计，较好地说明设计的最终目的。因此，形象化的表现方式比文字或者其他表现方式更能阐明产品的特征和设计师的意图，如图1-15所示，在设计师刘传凯的设计中，能清楚地说明产品的构造、颜色、质感以及详细的使用方法。

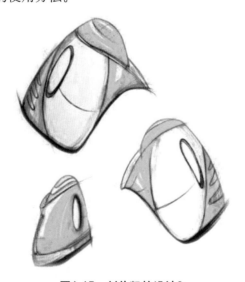

图1-15 刘传凯的设计3

3. 实用性

随着科学技术的发展，计算机在设计领域广泛运用，这为产品设计的表现提供了更宽广的平台。产品开发与管理的流程效率大大提高，产品开发前期设计与表现的要求也随之增加。实用性从一方面讲提高了效率，快速有效的方式成为最便捷的表现手段。除此之外产品设计还建立在精准、无误的基础之上，实用性主要体现在针对不同的产品采用不同的表现手段。

4. 艺术性

设计表现的视觉语言要素的内涵性与造型艺术类似，都具有象征意义，且不受符号的限制。然而，两者又有很大的不同，造型艺术是艺术家的自我表达，而设计表现是在遵循认知规则的情况下，将所传递的信息在设计这一媒介物的作用下使受众正确理解并接受的过程。

5. 多样性

产品设计表现的目的是为了在一定的设计方法的指导下，把符合生产加工技术条件的产品设计运用视觉化的方式和技术化的手段加以展现。如图1-16所示为产品设计草图，赋予设计产品新的品质和视觉感受，可让人了解产品的细节。

图1-16　产品设计草图

1.3　产品设计表现的方式

产品设计的过程是集设计与工业于一体的一个循序渐进的组合程序，每一个工序都需要一定的技术来完成。不同的设计表现方式作为产品设计的思想呈现阶段，能够影响产品设计的最终呈现。由于实用工具和材料的不同，产品设计的表现方法不同。按照空间类型分可以分为二维空间的产品设计表现和三维空间的产品设计表现。

1.3.1 二维空间的产品设计表现

二维空间的产品设计表现包括设计草图、设计表现图、摄影等内容。

1. 设计草图

设计草图是设计师由感性的认识到理性落实的必经阶段，其方便、简单、快捷的特点，使其成为设计师进行产品设计的初级阶段，在整个设计过程中有着不可或缺的作用。这种渐变的方法有助于将设计师的思路打开，完成思路的扩展和完善，能够激发设计师的灵感，整合设计师零星且不完整的思路，忠实地记录设计师的想法，如图1-17所示，是一款工业产品的产品设计表现，从不同的角度记录了设计师的想法。如图1-18所示，是通过有主有次的顺序表现出了工业产品的生产顺序的特点。如图1-19所示，通过外形、颜色及使用方法阐明了设计师的想法，将两款不同的U盘的特点表现得淋漓尽致。

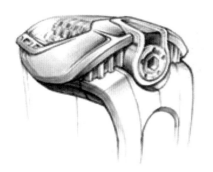

图1-17 产品设计草图1

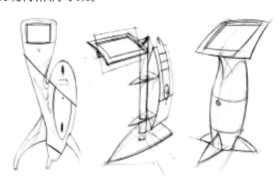

图1-18 产品设计草图2

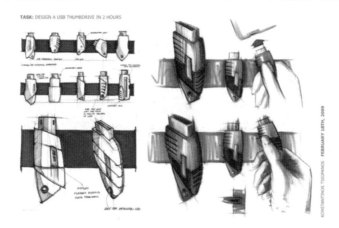

图1-19 产品设计草图3

知识链接

产品设计表现是将想象转为现实的过程，这要求设计师具备良好的绘画基础和一定的空间立体想象力，只有具备精良的表现技术，才能充分地表现产品的形、色、质感，引起人们的共鸣。

2. 设计表现图

在设计程序逐渐深入的过程中，设计师在设计草图的基础上会进行深入的完善，加深设计语言的表达。将最初概念性的构思继续深入，就形成了最初的方案表现图，如图1-20所示，为某汽车的产品初期设计稿。为了让设计过程中所有的参与者能够清晰地了解设计方案，设计表现图的绘制特点应该秉承清晰、严谨、多形态的设计原则。

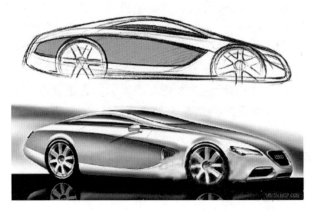

图1-20　产品设计的最初方案表现图

当最初方案不断深入之后，就离不开设计表现的最终完善。为了使产品设计的每个细节明确无误地完成，此时的设计表达应该翔实、准确地表现出产品的外观，包括产品的形状、体量、颜色、材料、质感等多个方面。此时设计表现的特点是精细、完善、写实，如图1-21所示，则是产品的最终稿，准确地将汽车轮子的外形和细节表现了出来。

图1-21　产品设计的最终完善图

知识链接

设计是一项为不特定的对象所做的表现行为，往往要超越国界、时空等距离。有时候用语言、文字无法完整地描述对象，只有通过视觉化的东西才能清楚地将其表现出来。所以说，设计表现是人类的共同语言。

3. 摄影

摄影是人类视觉最直接、最容易识别的信息载体。产品摄影是一门以传递商业信息为目的，展示产品的影像艺术。摄影图片与文案一起构成了产品摄影的整体。产品摄影从属于产品整体推广和宣传活动，具有一定的经济价值和文化审美价值。如图1-22所示，是表盘的微距摄影图，该图表现出了手绘很难表现出来的精细，既具有一定的美感，又突出了产品的特性。如图1-23所示，是一幅典型的产品摄影图，该图不仅表现出了产品的外形特点，还将其置于一个单一的环境中，更容易使消费者了解产品的特征。

图1-22 表盘的微距摄影图

图1-23 灯具的摄影图

知识链接

产品摄影是传播商品信息、促进商品流通的重要手段。随着商品经济的不断发展，产品摄影已经不是单纯的商业行为，它已经成为现实生活的一面镜子，成为广告传播的一种重要手段和媒介。

二维空间的产品设计表现比二维表达更加直观和真实，能够更好地使产业链中的其他合作者了解产品的外观和使用功能，可以给人一种直观的感受。

1.3.2 三维空间的产品设计表现

三维空间的产品设计表现主要表现为模型的设计。

产品设计模型是产品设计创意的三维立体形态实体，是设计师表达设计理念及设计构思的重要手段。在设计产品模型时，需要根据模型的功能采用不同的材料、不同的技术工艺和不同的加工工具，对自己头脑中或是在二维中已经形成的设计方案进行表达。如图1-24所示，是利用三维软件表现的产品模型，它精致、细腻地表现了产品的特征。如图1-25所示，是产品设计初学者使用油泥做的一款汽车模型。对于初学者而言，模型不仅能够展现产品而且还能够使学者更加深入地了解三维空间中的产品设计表现。

图1-24　能带给人直观感受的模型　　　　　　　图1-25　三维汽车模型

1.4　综合案例解析：廖一星产品设计表现

方案设计说明

　　设计的本质就是要通过适当的外部形状和色彩，充分但不夸张地、真实而不虚假地表现出产品的内涵。产品设计表现的艺术性体现在设计师对于产品从外形到功能的表达上。在遵循认知规则的情况下，产品设计表现能够使受众很快地了解产品的性能。廖一星表现的是隆鑫即将上市的CR5运动型机车，如图1-26～图1-28所示。该款机车紧扣时下都市时尚新潮的运动设计风格，线条的流水感极强，白、黄、蓝三种颜色可自选，无论是纯净的白色、绚丽的黄色，还是稳重的蓝色，都能表现它本身的都市运动潮流气息。

分析：

　　本案为廖一星产品设计表现。该设计简略地描绘了2013隆鑫CR5运动休闲机车的表现过程。其绘制手法流畅，且能够清晰地表达产品的特点，是一套优秀的产品设计表现。

图1-26　2013隆鑫CR5运动休闲机车1　　　图1-27　2013隆鑫CR5运动休闲机车2

图1-28　2013隆鑫CR5运动休闲机车3

本章主要介绍了产品设计表现的相关知识。产品设计表现为工业产品的产生和完成创造了基础的创意和草图阶段，使工业产品设计师的想法有据可依。产品设计表现是一个从模糊到清晰的演变过程，是从概念到具象的演变过程，是工业产品设计中不可或缺的一个环节，具有准确性、说明性、实用性、艺术性、多样性的特点。

一、填空题

1. 产品设计表现是将抽象的概念转化成＿＿＿＿＿＿的过程，是从模糊到清晰的演变过程。

2. 产品设计的种类随着＿＿＿＿＿＿以及生活方式的多样化愈加多样化，因此，产品设计的创意表现形式也有了多样化的面貌。

3. 产品设计模型是产品设计创意的＿＿＿＿＿＿，是设计师表达设计理念及设计构思的重要手段。

二、选择题

1. 产品设计要得到设计、生产环节中相关工作人员的认同，就应该从表现的初期准确无误地将设计思路和意图表达出来，这体现了产品涉及的＿＿＿＿性。

　　A．准确　　　　B．说明　　　　C．艺术　　　　D．实用

2. 按照空间类型产品设计表现可分为：＿＿＿＿的产品设计表现和三维空间的产品设计表现。

　　A．空间　　　　B．二维空间　　　C．艺术性　　　D．一维空间

三、问答题

1. 产品设计表现的目的是什么?
2. 产品设计表现的特点是什么?
3. 产品设计表现的主要形式有哪些?

第
2
章

产品设计表现的审美规律

学习目标

- 掌握产品设计表现的形态要素、色彩要素和空间要素。
- 掌握产品设计表现的审美规律。
- 了解影响产品设计表现的因素技能要点。

技能要点

产品设计　　形态要素　　色彩要素　　空间要素　　审美规律

案例导入

产品设计表现中的曲线美

产品设计表现的审美规律是工业设计师们在不断的设计实践中总结出来的，这个过程是一个不断完善的过程。

分析：

产品设计表现的审美规律有多种，其中曲线美是产品设计表现中常见的审美元素之一。如图2-1所示，当曲线美呈献给大家之后，我们能够强烈地感受到产品散发出来的高科技的流线型设计气息。

图2-1　产品设计中的曲线美

2.1　产品设计表现的要素

工业设计师通过大量的实践，不断完善自己的设计和创作风格，从而总结出了一系列符合设计美学原则的设计要素。一般情况下，产品设计表现的要素分为形态要素和色彩要素两种。

2.1.1　展示活动的定义

形态可以分为自然形态和人工形态，人们通常所说的工业产品均为人工形态，指人类有意识地从事视觉要素之间的组合或构成活动所产生的形态。它是人类有意识、有目的的活动创造的结果。

知识拓展

形态，是形式美的重要因素。形态要素是指构成形态的必要元素，是存在于环境中的任何有形态的现象，例如形（由点、线、面、体构成）、色、肌理以及空间等。

[案例一]

杜卡迪摩托车设计案例

虽然人工形态是人类有意识的创造活动，但人类在创造人工形态之前会根据自然形态进行设计和创造。杜卡迪摩托车的设计表现将动物的造型和车体的设计相结合，突出了产品的特征。除此之外，用"画重点"的形式突出了产品的特征，提炼了产品的线条和形态。杜卡迪摩托车设计表现是根据自然界中豹的运动形态设计的，在设计前期，设计师对现有车型的线型和动态感进行了很好的分析。而设计草图手绘的本质就是对形态的分析和扩展。

图2-2是该款车型的整体表现图，使消费者能够将车型的特点更加清晰。图2-3使用蓝色图线突出了车型的流线型特征。图2-4从俯视的角度非常到位地展示了车型的动态特征，并且突出了产品的设计来源。图2-5、图2-6进一步细致地表现了产品的特征，便于消费者理解。

图2-2　摩托车概念设计1

图2-3　摩托车概念设计2

图2-4　杜卡迪摩托车设计表现1

图2-5　杜卡迪摩托车设计表现2

图2-6　杜卡迪摩托车设计表现3

知识拓展

形态因具有表情性而使人产生不同的形态感。例如，粗线给我们刚强的感觉，细线给我们纤弱的感觉，直线给我们正直的感觉，曲线给我们柔和的感觉。因此，在产品设计表现中运用好不同形态的线条很重要。

2.1.2　产品设计表现的色彩要素

色彩要素中的色彩主要是指红、黑、白、橙、黄、绿、蓝、紫等众所周知的颜色体系。产品设计表现中的色彩要素具有以下特征。

(1) 表情性。

色彩的表情性是它的特有属性，通过这种属性色彩向人传达出一定的情感寓意，使人产生内心的情感波动。任何颜色都有自己的表情特征，当一种颜色的纯度和明度发生变化，或者该颜色处于不同的颜色搭配关系时，颜色的表情也就随之改变了。由于颜色的特性及观看者存在某种共同的心理状态，所以人们因色彩引起的感情变化具有普遍的共同倾向。比如，红色是热烈、冲动、强有力的色彩，它能使人的肌肉的机能和血液循环加快。如图2-7所示，红色系体现了该款车型动感十足。

图2-7　体现速度感的红色系

(2) 象征性。

具体的色彩象征着某种具象的特征，以红色为例，由于红色容易引起注意，所以被广泛地使用。红色除了具有较佳的明视效果之外，还具有有活力、积极、热诚、温暖、前进等含义，另外红色也常用来作为警告、危险、禁止、防火等标示用色。其他色彩也有其具象的特征。如图2-8所示，设计表现中的黑色和蓝色将摩托车的刚毅个性表现得淋漓尽致。

图2-8　摩托车的设计表现

2.2　产品设计表现的形式美法则

如同艺术中的形式要素一样，人的美感是一种持久的、静态的因素。可变因素是指人们在其感觉印象的抽象过程中所形成的那种表现力。形态是由造型元素组合在一起的，元素通过形式美法则被合理地组织和安排在产品设计表现中。

2.2.1　对称与平衡

对称与平衡是指视觉上达到一种平衡的状态，如果两者平衡得当，就会给人产生一种美的感觉。对称是人类发现的在工程中运用最早的形式美法则，它具有良好的视觉平衡效果，能使作品看起来具有一定的静态美和条理美。如图2-9所示，设计师将该款摩托车放在一个非常平衡的构图中，使作品看起来不仅具有静态美，而且有一定的重量感。

图2-9　某纪念版式摩托车设计效果

对称的形式能够给人庄重、严肃、稳定的感觉，在一些交通工具、家具的产品设计表达中，采用对称的形式能够给人平稳感和安全感。即使一些交通工具的设计表达表现出了相当的运动感，对称的形式也能中和运动感带来的不稳定性，在视觉上获得协调。如图2-10所示，是摩托车的侧视图，简洁的形式能使这款摩托车看起来更加稳定，从而使消费者在视觉上能感到该款摩托车的安全性。

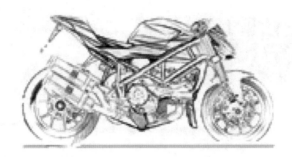

图2-10　BMW R nineT 九十周年纪念版摩托车设计效果

均衡是对称的延伸，对称是以对称轴线或对称平面表现出的平衡方式，而均衡是依支点表现出的平衡方式。工业产品的均衡表现是以产品某一元素为支点，呈现出视觉平衡形式，具有一种静中有动、动中有静的美的秩序，表现出生动的条理美和动态美。

[案例二]

户外运动Gerber刀具设计表现

约瑟·戈博于1939年在美国俄勒冈州波特兰市创办了戈博传奇刀具公司。成立初期，Gerber 公司专注于生产厨房刀具，很快便成为美国最优秀的刀具生产商之一。Gerber 设计的军刀不仅从色彩、造型传承了军刀的特点，从形态上也遵循了对称与平衡的理念，既有对称又有平衡，两者相互统一，不仅能够表现军刀的大气，还能表现军刀灵活的形态。

图 2-11 是该款刀具折叠前后的平视图，平衡地展现了该款刀具的特征，看起来相当大气。图 2-12 将刀具分解，突出了刀具的锋利。图 2-13 是该款刀具的成品图，产品特性一览无余。

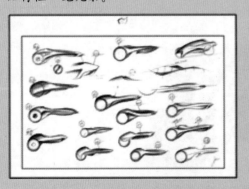

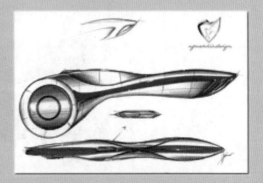

图2-11　Gerber刀具设计效果1　　　　图2-12　Gerber刀具设计效果2

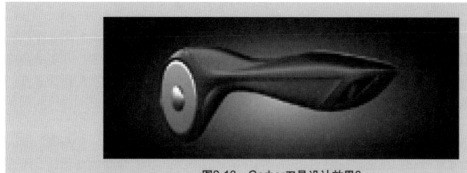

图2-13 Gerber刀具设计效果3

具有平衡美感的产品设计表现灵巧、生动、动态、轻快的艺术效果。除了几何形状和相对位置之外,色彩和肌理都能体现平衡的特点。在进行产品设计表现的过程中,应注意聚与散、疏与密的变化,以防止处理不正当造成的混乱的视觉效果,如图2-14所示,在一系列鞋子的设计草图中,设计师注重了鞋子的排列次序,疏密有序,并将鞋子的不同特性表现了出来,有效地防止了混乱的视觉效果。

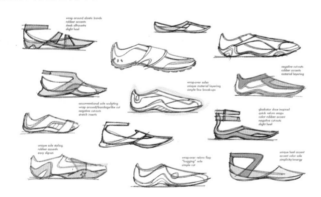

图2-14 街舞鞋设计手绘

与对称相比,平衡的效果显得更自由,两者相辅相成,在产品设计的过程中,对称给人稳定的感觉,而均衡能够使对称更活泼和不呆板。

在实践中,很多产品都采用了对称均衡的形式美规律,在满足使用功能的前提下,成功的产品应该满足两者结合的形式美法则,形成美的秩序。

知识链接

均衡的形态设计让人产生视觉与心理上的完美、宁静、和谐之感。静态平衡的格局大致由对称与平衡的形式构成。对称又称"均齐",是在统一中求变化;平衡则侧重在变化中求统一。两者综合应用,就产生了平衡的三种形式:对称平衡、散射平衡和非对称平衡。对称的图形具有单纯、简洁的美感,以及静态的安定感。对称本身具有平衡感,对称是平衡的最好体现。平面构成中的平衡是指视觉上的平衡,但平衡的构图不一定就必须用到平衡,视觉平衡是指通过重新组构图形中的构成要素,使力量相互保持平等均衡的意思,即达到视觉上的平衡感受。

2.2.2　节奏与韵律

　　节奏与韵律在多种方式中存在，节奏是韵律的单纯化，韵律是节奏形式的丰富化。约翰·沃尔夫冈·冯·哥德曾说："美丽属于韵律"，足见节奏与韵律的形式美。从美的角度看，运用节奏与韵律的编排，就能创造出一首美丽的乐章。如图2-15所示的产品设计表现，粗细线条的韵律感不但没有使该设计表现得杂乱无章，相反很完美地将该产品的特征表现了出来。

　　节奏与韵律是指一种事物在动态过程中有规律、有秩序的一种动态的美。"节奏"是一种具有规律性的反复运动，在这种反复运动中，物体的运动表现出了有规律的变化，这符合事物自身的发展规律。"韵律"则源于各要素的反复出现，单纯的反复所形成的规律发展变化会产生韵律。如图2-16所示，通过人脚与鞋子的对比，使产品设计表现出节奏，而这种单纯的使用能够产生一定的韵律来表现产品的质感。

图2-15　产品设计手稿1

图2-16　产品设计手稿2

　　节奏与韵律是产品设计表现中表达形式美的内容之一。产品设计表现的节奏与韵律，是指在二维或三维空间中产生出来的一种美的节奏与韵律，取得设计各要素之间的联系与呼应，获得整体和谐一致的效果，最终满足人们更高的审美要求。如图2-17所示的产品设计表现，通过细节及相关物品的展示，使设计表现达到和谐的效果。

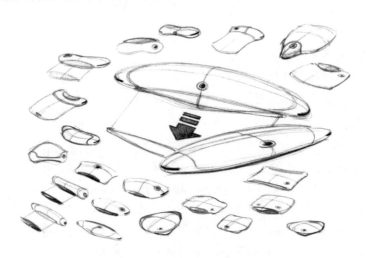

图2-17　产品设计表现

2.2.3 对比与协调

对比与统一是形式美法则中的重要法则，也是一对相互依存但又相互矛盾的统一体。对比与协调是一对矛盾且统一的存在，在统一中表现出一种对立的美。如图2-18、图2-19所示，将两款表现运动、极速的跑车车型置于一个相对单一的环境中，在对立中更加突出了产品的特征。

图2-18　跑车设计效果1　　　　　　　　　　　图2-19　跑车设计效果2

为了使产品设计主次分明、重点突出、形象生动、个性鲜明，设计者常常采用对比的手法。对比就是突出展现产品的某一部位，使欣赏者能够一目了然地看到该设计表现中的重点所在。协调就是将设计表现的元素进行统一的协调处理，给人以协调的美感，避免视觉上的杂乱无章。如图2-20、图2-21所示，是某概念汽车的表现图，该图突出了产品的整体外观结构，给人一目了然的感觉。

图2-20　某概念汽车设计手绘1　　　　　　　　图2-21　某概念汽车设计手绘2

知识链接

亚里士多德认为，美主要表现为适当的排列、比例和一定的形状。艺术之所以是美的是因为它是一个有机的整体，"美是和谐与比例"，从而达到"同一中有变化，变化中有统一"。产品设计表现中的对比是指在设计表现中，各要素以对比的形式存在，如形状的对比、方向的对比、质感的对比、色彩的对比等。

在产品设计表现中，对比与协调是相辅相成的，只有对比没有协调的设计表现会显得杂乱，只有协调没有对比的设计表现会显得呆板。要消除这两种现象需要从以下几点入手。

(1) 线条的对比与协调。

在产品设计表现的手绘过程中，运用线条的对比与协调可以消除上文所说的两种极端现象。

[案例三]

咖啡壶的产品设计表现

将不同类型的线条组织在同一种产品的设计表现中，以一种线条为主体，局部用不同风格的线条作为对比和烘托，能够打破单调，产生主次有别的效果。如图 2-22 所示，是 KRUPS 品牌的保温咖啡壶，不仅能够在家中品味到传统咖啡的美味，而且贴心的控温设计还能够使消费者体验到咖啡壶保温控温的效果。KRUPS 咖啡壶的四个水过滤器能够保证冲泡咖啡的水的纯度，能够永久性使用的纸过滤器能使炮制出来的咖啡更加香醇顺滑；它拥有 1100W 的大输出功率使炮制过程更加的快捷，而且 KRUPS 咖啡壶强大的设置系统能够更有效地萃取咖啡的香味，可以提前设置想要冲泡的时间，到了时间便会自动关闭。

该案例是一款很时尚的保温咖啡壶设计方案，设计元素非常简洁，手绘表达也非常简洁明了，特别是在手绘图的左边的使用局部放大图进一步显示手绘表达效果。

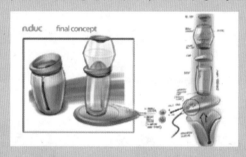

图2-22　KRUPS壶设计方案

(2) 体量的对比与协调。

体量的大小对比能够使产品造型产生良好的表现效果，使产品形象生动，从而使产品设计表现在造型上整体比较和谐。如图2-23、图2-24所示是两款特种车辆的产品设计表现，通过设计表现，均能表现出两款车型的体量感。

图2-23　特种车辆设计表现1　　　　　　　图2-24　特种车辆设计表现2

知识拓展

体量感是指借助明暗、色彩、线条等造型因素，表达出物体的轻重、厚薄、大小、多少等感觉。如山石的凝重，风烟的轻逸等。产品设计表现中实在的物体都要求传达出物体所特有的分量和实在感。运用量的对比关系，可产生多样统一的效果。

(3) 方向的对比与协调。

方向的对比与协调表现为高与低、前与后、直与斜等对比。运用垂直和水平方向的立面或线条来构成对比，在产品设计表现中用得比较多。如图2-25所示，通过侧面视角突出了丰田品牌这款车型的速度感。

图2-25　丰田 FT-1设计表现

2.2.4　尺度与比例

比例是物与物相比形成的概念，尺度是物与人相比形成的概念。

比例是指形体整体与部分、部分与部分之间的比率关系。形体的比例可以通过视觉来感知和认识，因此只有符合人的审美要求的比例，才能创造出令人愉悦的产品表现。

知识拓展

古希腊哲学家毕达哥拉斯通过反复比较，研究出了1∶0.618的比例最为完美，德国美学家泽辛把这一比例称为"黄金分割比例"。0.618是一个无理数，是将一条线段呈现出最完美比例的分割点。按此比例分割的造型非常具有美感，代表着生活和艺术的比例与尺度的最理想的标准。

人们在使用工业产品的过程中，由于操作的不同，对产品设计表现在尺寸和形式上的要求也就不同。如图2-26所示，设计人员根据人们的使用习惯和审美习惯，设计出了让人审美愉悦的各类产品，既美观时尚，又符合人们的使用习惯。

产生产品尺度感的原因主要由人体生理和心理的需求引起。每个造型物与人直接相关的的构建都有一种传统的契合关系，这种契合关系是人在长期的实践过程中，在经验积累和人机关系研究的基础上形成的。尺度感要求产品的造型具有合理性，与人的生理、心理感觉和谐，与使用环境相协调。

尺度是人们衡量立体形态的尺寸，人们在接受不同的形体时会产生不同的心理反应，每种形态都有自身相应的尺寸，因而，设计师的任务就是设计出既能体现尺寸合理性又能引起人们心理愉悦的立体形态。

图2-26　产品设计表现

知识拓展

　　由于人的感觉器官本能地喜欢比例得当的造型形象，因此，在进行产品设计表现时应该十分注重各部分的尺寸比例，既要符合功能和技术上的要求，又要在视觉上比例得当。良好的比例关系是构成产品设计完美表现的基础。

2.3　综合案例解析：笔的设计表现

方案设计说明

　　由于产品设计表现的特征与现实的比例无异，因此，产品设计表现图能够一目了然地展现产品的比例。在此案例中，笔的产品设计表现图清晰地展现了笔的比例和尺度，符合人们对于比例和尺度的审美要求。

　　分析：

　　如图2-27所示，是笔的平视图，在这幅图中能够清晰地看出笔的比例结构，能够使消费者一目了然地了解产品的特征。如图2-28所示，也是笔的平视图，与图2-27不同的是，该图更加细致地表现了产品的比例。如图2-29所示，将笔的本身与笔盖的比例进行对比表现，进一步加深了消费者对产品的了解。

图2-27　笔的产品设计表现1

图2-28　笔的产品设计表现2

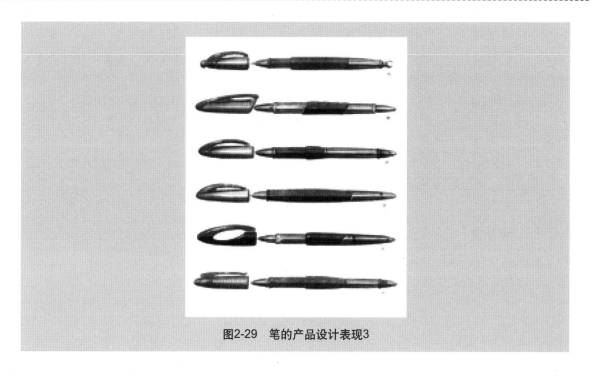

图2-29 笔的产品设计表现3

2

随着工业设计师对形态的把握以及对专业知识的娴熟运用，设计师们总结出了一套产品设计表现的审美规律，本章就是针对产品设计表现中的审美规律进行了阐述。一般情况下，产品设计表现的要素分为形态要素、色彩要素等。产品设计表现的形式美法则有对称与平衡、节奏与韵律、对比与协调、尺度与比例等。本章通过案例主要论证了在产品设计表现中了解、运用形式美法则的必要性。

一、填空题

1. 色彩的_____是它的特有属性，通过这种属性色彩向人传达出了一定的情感寓意，使人内心产生的情感波动。

2. _____是指视觉上达到一种平衡的状态，如果两者平衡得当，就会给人产生一种美的感觉。

3. 为了使产品设计主次分明，重点突出，形象生动，个性鲜明，常常采用_____的手法。

二、选择题

1. 色彩都有自己的表情特征，当一种颜色的纯度和_____发生变化，或者该颜色处于不同的颜色搭配关系时，颜色的表情也就随之改变了。

    A．色相   B．明度   C．饱和度   D．明亮

2. 形态是由造型元素组合在一起的，元素通过_____法则被合理地组织和安排在产品设计表现中。

    A．组合   B．审美   C．对等   D．形式美

3. _____是指形体整体与部分、部分与部分之间的比率关系。

    A．尺度   B．明度   C．比例   D．对比度

三、问答题

1. 产品设计表现中的色彩要素具有哪些特征？

2. 产品设计表现中的形式美法则有哪些？

第
3
章

产品设计表现基础——透视基础

学习目标

- 掌握透视的基本原理。
- 掌握一点透视、两点透视、三点透视的画法，并会用于实践。
- 了解透视角度如何选择。

技能要点

透视　　一点透视　　两点透视　　三点透视　　透视原理

案例导入

产品设计的透视图

透视图源于古代希腊的线远近法，之后经过不断发展，形成了今天的已经系统化的图学方法。"透视"一词来源于拉丁文"perspclre"（看透），也就是通过一层透明的平面去研究后面物体的视觉科学。

分析：

如图 3-1 所示，是典型的一点透视，通过画面的特别安排，使观者有一种视觉上的立体感，能够使简单模型产生三维立体和距离的感觉。

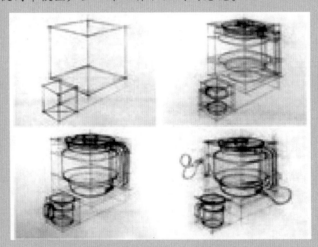

图3-1　产品设计的透视图

（图片摘自：原本设计　http://www.odesign.cn）

（资料来源：原本设计　http://www.odesign.cn）

3.1 透视基础概述

设计透视图于1956年由美国伊利诺伊大学的Jav Dobin教授提出，他的原文是"设计师的透视"。这一观念的提出弥补了以往透视图的缺陷。这种新的透视法方便、便捷、准确，甚至可以事先设定图的视觉效果和比例，因此直到现在，还被广泛地应用于工业设计领域，如图3-2所示，该图直观地表现了透视在产品设计表现中的应用。

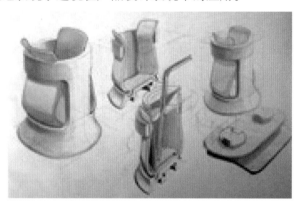

图3-2　产品设计的透视图

(图片摘自：百度图片　http://image.baidu.com)

3.1.1 何谓透视及术语

在二维平面上将透视现象运用透视技法、透视关系等原理表达三维世界物象的方法，我们称之为"透视法"，所绘成的图我们称之为"透视图"。对于设计师而言，透视图能够很好地将自己的想法传递给客户。

透视的基本术语(如图3-3所示)：

(1) 基面：建筑形体所在的地平面，相当于H投影面。以字母 G 表示。

(2) 画面：画透视图的平面，画面与基面相互垂直。用字符 P 表示。

(3) 基线：画画与基面的交线。常在基线 两端注写 g 表示，也采用 GL 表示。

(4) 视点：投射中心，相当于人的眼睛。以大写 E 表示。

(5) 站点：视点 E 在基面上的正投影，相当于人站立的位置。以小写 e 表示。

(6) 主点：视点在画面上的正投影，即过视点作画面垂线所得到的垂足。主点也称"心点"，本书以字符 e′ 表示。

(7) 视平线：过视点的水平面与画面的交线，即过主点 e′ 所做的水平线。常在视平线两端注写 h 表示。本书在透视作图中也采用 HL 表示。

(8) 视距：视点到画面的距离，以D(视点到视平面之间的距离)表示。

(9) 视高：视点到基面的距离。相当于人眼离地面的高度，以H(即E和e之间的距离)表示。

(10) 视线：即投射线，过视点与形体上某一点的连线。

(11) 点的透视、基点及基透视：通过视点和空间点的视线与画面的交点称为点的透视，空间点在基面上的正投影称为"基点"，基点的透视称为该空间点的基透视。广义的基透视是指一切空间几何元素在基面上正投影的透视。

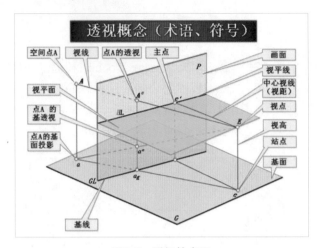

图3-3　透视的术语

（图片摘自：百度图片　http://image.baidu.com）

3.1.2　透视的基本原理与种类

透视是一种描绘视觉空间的科学。

知识拓展

为什么会有透视效果？因为对一件东西而言，人的双眼是以不同的角度来观察它的，所以东西会有往后紧缩的感觉。那么必然会交会在无限远处的点，透视的要诀在于定消失点。

越近的东西两眼看它的角度差越大，越远的东西两眼看它的角度差越小，很远的东西两眼看他的角度几乎一样，因此放得离你近的东西，紧缩感常较强烈，所以说画静物一定要注意透视。如图3-4所示，汽车内部的车座透视能让观者有明显的立体和距离的感觉。

图3-4　产品设计的透视图

（图片摘自：百度图片　http://image.baidu.com）

透视有以下几种类型。

1. 平行透视(也称一点透视)

一个立方体只要有一个面与画面平行，透视线消失于心点的作图方法，称为平行透视，如图3-5所示。

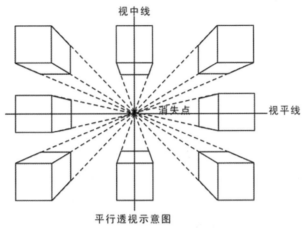

图3-5 一点透视(也称平行透视)

(图片摘自：园林学习网 http://www.ylstudy.com)

平行透视是一种表达三维空间的方法。当观者直接面对景物，可将眼前所见的景物，表达在画面之上。通过画面上线条的特别安排，来组成物与物的空间关系，令其具有视觉上立体及距离的表象，如图3-6、图3-7所示，两张产品设计表现图都是利用平行透视来体现产品的立体感和空间感。

图3-6 一点透视产品设计表现图1　　　　图3-7 一点透视产品设计表现图2

(图片摘自：佛山设计 http://www.fsvi.cn)

2. 成角透视(两点透视)

一个立方体任何一个面均不与画面平行(即与画面形成一定角度)，但是它垂直于画面底平线。它的透视变线消失在视平线两边的结点上，称为成角透视，也称两点透视，如图3-8所示。

成角透视是指观者从一个斜摆的角度，而不是从正面的角度来观察目标物。因此观者看到物体不同空间上的面块，亦看到各面块消失在两个不同的消失点上，如图3-9所示，这两个消失点皆在水平线上，更加直观地表现了产品的立体感。

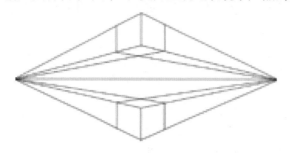

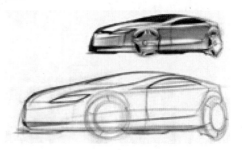

图3-8　两点透视示意图

(图片摘自：佛山设计　http://www.fsvi.cn)

图3-9　工业产品设计表现的两点透视

(图片摘自：佛山设计　http://www.fsvi.cn)

[案例一]

Vic Yang的产品设计

　　两点透视的特点：画面生动、立体感强，大部分产品设计用此方法。正如该案例中的两幅手绘图。该案例是来自台湾的设计师Vic Yang的作品，他是一个多才多艺的设计师，其手绘功底非常深，手绘表达也非常干净整洁。在本案例中，设计师描绘了打印机、咖啡机和机箱的产品手绘，能够非常清晰地看出商品的属性，值得学习。

　　分析：

　　如图3-10所示，使用成角透视的透视方法，描绘了产品效果图。线条简单概括，并且说明了商品的使用方法，非常明了。如图3-11所示，是使用成角透视的方法描绘了产品效果图。如图3-12所示，是使用成角透视的方法描绘了工业产品不同角度的效果图。

图3-10　台湾产品设计师Vic Yang的产品设计1

图3-11　台湾产品设计师Vic Yang的产品设计2

(图片摘自：中国设计手绘技能网　http://www.DESIGNSKETCHSKILL.com)

图3-12 台湾产品设计师Vic Yang的产品设计3

(图片摘自：中国设计手绘技能网　http://www.designsketchskill.com)

(资料来源：中国设计手绘技能网　http://www.designsketchskill.com)

知识链接

　　平行透视是景物纵深与视中线平行而向主点消失。成角透视就是景物纵深与视中线成一定角度的透视，景物的纵深因为与视中线不平行而向主点两侧的余点消失。

3. 倾斜透视(三点透视)

　　一个立方体任何一个面都倾斜于画面(即人眼在俯视或仰视立体时)除了画面上存在左右两个消失点外，上或下还产生一个消失点，因此做出的立方体为三点透视，如图3-13所示。

　　三点透视的构成，是在两点透视的基础上多加一个消失点。此第三个消失点可作的为高度空间的透视表达，而消失点正在水平线之上或下。如第三消失点在水平线之上，正好象征物体往高空伸展，观者仰头看着物体。

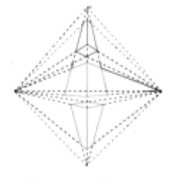

图3-13 三点透视示意图

(图片摘自：佛山设计　http://www.fsvi.cn)

3.2　透视的画法

　　上节介绍了透视的分类，在这一节中，介绍透视的画法。

3.2.1　一点透视、两点透视、三点透视的画法

　　上文中提到过，由于物体相对于画面的位置和角度不同，在产品设计表现中，通常有一点行透视、两点透视、三点透视三种不同的表现手法和透视图形式。

1. 一点透视的画法

因为一点透视的变化性较小，因此多用于表现主立面复杂，而其他面简单的产品。画法如下：

(1) 在水平线上确定一点VPL，在中央取另一点VC；

(2) 使立方体正下面的棱MN与视平线平行；

(3) 根据立方体的高度确定点S，描绘出立方体的正面图；

(4) 从VPL向N引出一条视线，与连接M、VC的视线得交点T；

(5) 由T引出一条水平线，确定立方体后边的棱长；

(6) 从T画一条垂线，依据该垂线与透视线的交点完成立方体。

随着对象物从VC点向左右、上下远离，变性逐渐明显。一点透视法的重点在于从VPL点的位置附近来表达对象物，如图3-14所示。

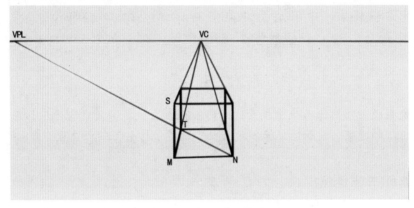

图3-14 一点透视的画法

(图片摘自：李和森. 产品设计表现技法)

2. 两点透视的画法

在此，介绍一下45°度角透视画法：

(1) 画一条水平线，定出线上的一点LPV、VPR，将其定为视平线。

(2) 找VPL、VPR的连线的中点VC(视心)。

(3) 由VC以任意角度(M)向正方形引线。

(4) 由VPL、VPR向一对角线以任意角度引透视线，由此可以决定最近角。

(5) 作与最近角W任意距离的水平对角线，交透视线M、N。

(6) 由M、N向VPL、VPR引透视线，画出立方体底面透视图。

(7) 由底面的透视正方形的各角画垂线。

(8) 将N点绕点M逆时针旋转45°，得到点A。

(9) 通过点A引水平对角线，求得立方体的对角面。通过各点引透视线，绘制出立方体的顶面，从而完成正方体的绘制。

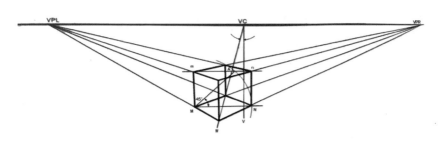

图3-15　两点透视的画法

(图片摘自：李和森. 产品设计表现技法)

3. 三点透视的画法

常见到的方法是应用测点法(量点法)来分割上倾透视变线和下倾透视变线的透视深度。如图3-16～图3-20所示，是三点透视的绘制过程，如图3-16所示，是画平行斜俯视透视画面的测点画法。

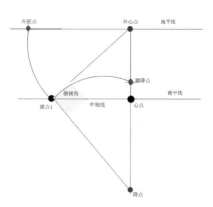

图3-16　三点透视画法1

(图片摘自：李和森. 产品设计表现技法)

如图3-17所示，A点是平行斜俯视透视画面后空间的任意透视点，AT、AH是上倾透视变线，规定AT=TH，并且AT的消失点为过心点垂直轴上的升心点。过视点S作直线SV∥AT必交于地平线V点上，过视点S作直线SM∥AH交于地平线为M点。由图中分析，空间的△ATH∽△SVM，则VS=VM。上倾透视变线AH和基线为45°角，故M测点即是常讲的透视术语升距点。对照图3-16不难看出，SV的长度即是在平行斜俯视透视画面中升心点至视点1的长度。而在图3-17中VM的长度即是图3-16中升心点至距点的长度。

在图3-18中设定AT=TH、SF∥AT、SM∥AH，可由图中推导出FS=FM。即是图3-16中的降点至视点1等于降点至测降点的长度。

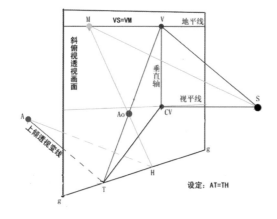

图3-17　三点透视画法2

(图片摘自：李和森. 产品设计表现技法)

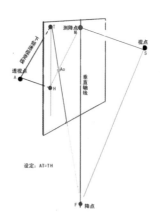

图3-18　三点透视画法3

(图片摘自：李和森. 产品设计表现技法)

同理也可用图3-18中的方法推导出成角斜俯视的升测点(如图3-19所示)、斜仰视的降测点(如图3-20所示)。

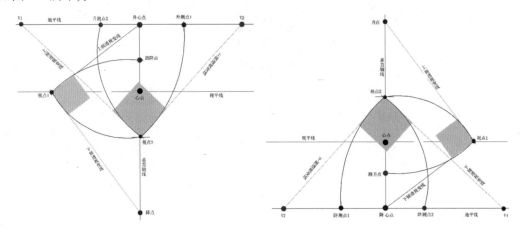

图3-19　三点透视画法4　　　　　图3-20　三点透视画法5

(图片摘自：李和森. 产品设计表现技法)

3.2.2　透视角度的选择

所谓透视的角度是根据人们所处的位置而变化的，由于所处的位置不同，所见到的物体的角度也就不同，所观察到的体面情况也不相同。

如图3-21所示，以六面体为例，当正六面体处在视点的正前方时，我们所见到的物体的面相对较少，如果是一点透视的时候，正六面体只可见到一个的面，其他的面都处在该面的后方灭点在正方形的中间；如果是两点透视时，则正六面体能看到两个面，如果是三点透视时，正六面体也能看到两个面，按照三点透视的原理，这个角度的正六面体会存在变形的问题，会影响形体的正常表现效果。所以实际运用中，该角度一般不使用，而改用两点透视。当正六面体处在视点的前上方或前下方时(即45°透视)，一点透视的正六面体可以见到两个面，二点透视能见到三个面，三点透视也能看到三个面，当正六面体处在视点的左前方或右前方时，按照三点透视原理，这两个角度的正六面体也存在变形问题，因此不建议采用这个角度，而使用两点透视。当正六面体处在视点的左上、左下、右上或右下方时，一点透视的正六面体可以见到三个面，两点透视可见三个面，三点透视也能见到三个面。

了解透视的角度的选择对于产品设计表现有很好的指导作用。

一般来说，我们选择透视角度，以选择产品面多的角度为好，这样有利于我们进行产品设计的表现。由于在正常情况下观察物体，我们最多只能看到物体的三个面，因此在进行产品设计表现的过程中，两点透视的俯视角度是最适合选择的角度，即物体处在视平线的左下、前下或右下方，如图3-22所示，该图为照相机的两点透视表现图，设计师选择斜顶式图，试图通过该图阐明照相机的上部。如图3-23所示，也是斜顶试图的二维表现图，旨在表现相机的特定角度，如图3-24所示，同样是斜顶试图的二维表现图，旨在表现香水的上部及瓶盖设计。

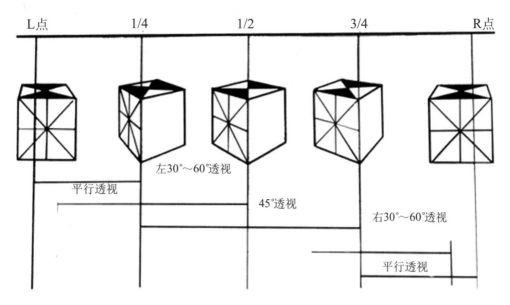

图3-21 透视角度与变化

(图片摘自：百度百科 http://image.baidu.com)

图3-22 两点透视的选择1

图3-23 两点透视的选择2

图3-24 两点透视的选择3

(图片摘自：中国设计手绘技能网 http://www.designsketchskill.com)

(图片摘自：中国设计手绘技能网 http://www.designsketchskill.com)

知识拓展

　　从产品的体量上看，体量大的产品可以选择距视平线较近的产品的上侧，有些可以高于视平线。体量小的产品可以选择距视平线较远的产品的上侧，一般可以看到三个面，其透视变化较小。特殊产品，如壁挂或悬吊式的产品则采用仰视的角度，可以看见产品的前面、侧面和下部。

　　根据产品的大小与透视角度的变化选择透视角度，在进行实践的过程中，透视角度变形大，表现的产品也大，相反则小。在画面上，如果表现的物体占有的体积大，但透视变化平缓，则是一件小物体，如图3-25所示；如果表现的物体占有的体积小，但透视变化较大，则是大物体，如图3-26所示。

图3-25　小物体的舒缓透视　　　　　　　图3-26　大体量物体的透视

(图片摘自：中国设计手绘技能网　http://www.designsketchskill.com)

总之，根据物体的大小不同，表现的透视关系也不同，在进行实践的过程中，我们要按照人类观察产品时的透视变化和经验合理地去表现，这样才能把握产品的透视角度和产品的体量感。

正确地选择产品表现的透视角度和透视变化，其目的就是真实而正确地反映产品的体量的大小、透视关系、空间形态及产品效果，为设计师主观创造形态奠定基础。

3.3　综合案例解析：两点透视案例

方案设计说明

下面我们来设计两点透视步骤图 (见图 3-27 ～ 图 3-36)。

步骤1：　开始画一些简单的辅助线，表示平行线的集中。然后画出车轮,可以发现，椭圆的主轴和车轮轴线成一个恰当的角度。记住这里轻轻地画，因为很有可能需要调整这个椭圆。

图3-27　两点透视的画法，步骤1

(图片摘自：中国设计手绘技能网　http://www.designsketchskill.com)

步骤2：构建一个简单的车侧面。在添加细节前先画出主要的面，这么做通常比较简单。

步骤3：这步是画透视图里最难的。必须在车身的远端画出之前在近端画的东西。有一些画透视图的小技巧可以使用，但是可以先在脑子里大致勾画出草图。了解透视的基本法则是很重要的。在桌上放几张能够看到的同样视角的车照片对于这点是非常有帮助的。从前面的步骤可以看出先画的是主要的面多看真实的车照片会对画草图的感觉有所帮助。

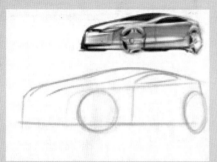

图3-28 两点透视的画法，步骤2

(图片摘自：中国设计手绘技能网
http://www.designsketchskill.com)

图3-29 两点透视的画法，步骤3

(图片摘自：中国设计手绘技能网
http://www.designsketchskill.com)

步骤4：当满意大形，并且确信主要部位的透视正确之后，就可以加上其他的表面细节。注意车的中心线是如何被用来重点处理表面的。

步骤5：在草图上画上一些车内饰和合金轮的细节。不必花太多时间在画内饰上，因为需要做的只是大致介绍一下内部的形状。

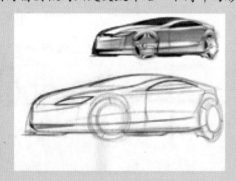

图3-30 两点透视的画法，步骤4

(图片摘自：中国设计手绘技能网
http://www.designsketchskill.com)

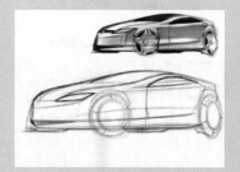

图3-31 两点透视的画法，步骤5

(图片摘自：中国设计手绘技能网
http://www.designsketchskill.com)

步骤6：用淡蓝色的马克笔给车内部上了阴影，你可以很精细地刻画阴影。如果你眯上眼睛看草图，你就会看到整个车窗效果，而不是各个独立的阴影。

步骤7：现在开始用深色的马克笔给车身上色，注意不要画复杂了。

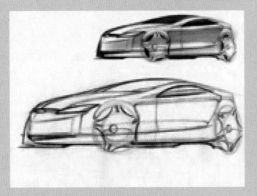

图3-32　两点透视的画法，步骤6

（图片摘自：中国设计手绘技能网
http://www.designsketchskill.com)

图3-33　两点透视的画法，步骤7

（图片摘自：中国设计手绘技能网
http://www.designsketchskill.com)

步骤8：给两点透视的草图上阴影的时候很容易就会过度复杂上色工作，因为你会试图给每个面都正确的上阴影。要试图抵制这种诱惑，并且只给两个主要区域上色。第一个就像侧视草图里那样贯穿车身侧面，第二个是远端的面。这使亮度的中心贯穿最接近观察者的面，赋予草图强烈的立体感。

步骤9：最后两步既快又简单。用蓝色马克笔或者铅笔把车玻璃加深，同时像前两个例子一样从朝上的面擦蜡笔印。

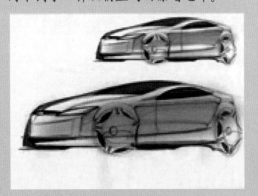

图3-34　两点透视的画法，步骤8

（图片摘自：中国设计手绘技能网
http://www.designsketchskill.com)

图3-35　两点透视的画法，步骤9

（图片摘自：中国设计手绘技能网
http://www.designsketchskill.com)

步骤10：最后加一点喷笔的高光。

图3-36 两点透视的画法，步骤10

(图片摘自：中国设计手绘技能网 http://www.designsketchskill.com)

分析：

如以上图所示，该案例是中国设计手绘技能网上的经典教程——如何正确画出两点透视交通工具的两点透视图，从最初绘制到喷笔喷绘高光，10个步骤，清楚明确地向初学者展示了产品设计手绘中两点透视的画法。

(资料来源：中国设计手绘技能网 http://www.designsketchskill.com)

3

 **本章小结**

设计透视是一种还原被表现对象真实感的制图方法，具有准确、清晰、易读的特点，其原理是产品设计师在学期初期必须掌握的理论知识，并且需要将这种知识用于实践。本章就透视进行了详细地阐述，并且将透视的画法进行了分步骤的解读，方便初学者学习。

 **教学检测**

一、填空题

1. 在二维平面上将透视现象运用透视技法、透视关系等原理表达三维世界物象的方法，我们称之为"_____"，所绘成的图我们称之为"_____"。

2. 广义的基透视是指一切空间几何元素在基面上_____。

3. 所谓透视的角度是根据人们所处的_____而变化的，由于所处的位置不同，所见到的物体的角度也就不同，所观察到的体面情况也不相同。

二、选择题

1. 通过视点和空间点的视线与画面的交点称为点的＿＿＿＿＿。

    A．基线   B．视点   C．画面   D．透视

2. ＿＿＿＿＿＿是一种表达三维空间的方法。当观者直接面对景物，可将眼前所见的景物，表达在画面之上。

    A．成角透视   B．立体透视   C．平行透视   D．明亮感

三、问答题

1. 什么是透视?

2. 透视的类型有哪些，分别有什么特点。

3. 透视的角度是如何选择的?

3

第
4
章

产品设计表现的素描造型基础

学习目标

- 掌握产品设计表现的素描造型基础。
- 掌握产品设计表现中结构素描的特征。
- 了解影响产品设计表现的造型语言及素描造型语言。

技能要点

产品设计表现　　产品设计素描　　素描造型　　结构素描　　造型语言

案例导入

产品设计

　　产品设计表现的形式多种多样，针对不同的表现形式具有不同的表现技法。概括地讲，产品设计表现的造型基础有手绘设计表现基础和计算机辅助设计两大类，两者表现手段不同，在设计的不同的阶段也有不同的优势。素描造型基础是产品设计表现中手绘表现的重要手段和基础手段（如图4-1、图4-2所示），对于产品形貌的展示具有非常重要的意义。

　　分析：

　　在产品设计表现的过程中，素描表现是表现视觉传达与造型艺术的基础。从技法上看，素描表现分为结构素描和光影素描。如图4-1所示，是典型的结构素描，通过对结构的把握和分析，简洁明了地传递台灯的外形、结构以及空间关系。如图4-2所示，是典型的光影素描，通过光影对物体的影响，用明暗调子来体现光影关系和产品的结构。在该图中，细腻的调子、明确的结构都能将产品的特征传递给受众。

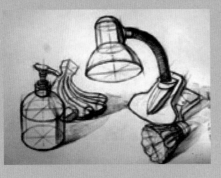

图4-1　产品设计的素描造型

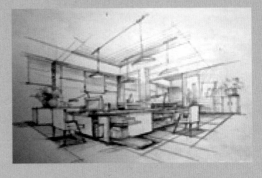

图4-2　产品设计的素描表现

（图片摘自：湖北工业大学网站　http://www.hbut.edu.cn）

（资料来源：湖北工业大学网站　http://www.hbut.edu.cn）

4.1 基础概念

"素描"是一种用单色描绘物体形象并传达情感的视觉造型艺术样式，是一切造型艺术的基础。随着时代的演变，工业设计开始逐渐对素描的教学产生了影响，新的素描门类——产品设计素描逐渐产生。产品设计素描是一种用素描的方法描绘形态的结构规律，描绘形态在三维空间中的组合规律，将结构具象化，从而达到理解形态、认识形态的视觉表现训练方法。

4.1.1 产品设计素描造型

大卫·罗桑德曾说："素描是最基本的绘画活动，在一个平面上留下一个笔记，或是画一条线段，都会立即改变那个平面，给中性的表面注入活力。图形的介入将平面变成了虚拟的空间，将物质的现实变成了想象力构成的虚构情景。纸面上的笔记破坏了纸面的空虚，使平面活了起来，从一无所有中展现出潜在的维度。笔迹和平面共同参与对话，相互交换正与反，切换对象和基础的关系。"

> **知识链接**
>
> 素描是一种正式的艺术创作，以单色线条来表现直观世界中的事物，亦可以表达思想、概念、态度、感情、幻想、象征甚至抽象形式。它不像带色彩的绘画那样重视总体和彩色，而是着重结构和形式。

产品设计素描是产品造型设计的一种表达方式，也是一种贯穿在设计原创活动中最为基础的语言。它是一种贯穿在设计过程中始终常见的思维模式，也是设计师表达设计思想和创意的载体，如图4-3、图4-4所示。

图4-3 产品设计的素描造型1　　　　　　　图4-4 产品设计的素描造型2

(图片摘自：湖北工业大学网站 http://www.hbut.edu.cn)　　(图片摘自：http://bbs.arting365.com)

产品设计素描的训练是形态、结构、技术的综合训练，是表现手段和设计思维的统一，这也是他的优越性所在。只有对设计物体的形态结构、材料充分认识和理解之后，才能快速、准确地表现，并培养丰富的想象力以及创新性思维的能力。

因此产品设计素描是认识形态、理解形态、表现形态的重要手段之一。

工业产品的设计过程是一个从无到有的创作过程，是脑力劳动与体力劳动产品并存的复杂过程。每一件产品既要满足人们的使用需求，又要满足人们的审美需求，这就要求设计师除了具备基本的设计理论之外，还要有科学、人文知识，还须具备三维造型思考和想象能力。

设计素描培养的就是这种能力，通过培训，能够具备由表及里、有感性感知到理性分析的能力，熟练利用这一能力进行产品设计。能够准确地理解结构，用线作画，着力进行结构的刻画。

4.1.2　结构素描

产品设计表现中的结构素描是产品设计表现的基础形式。结构素描是以线为主，无明暗关系和光影变化的表现方法。就是利用素描的手法根据结构规律描绘物体，主要表现产品的结构，如图4-5所示。

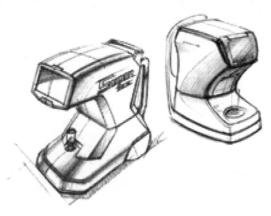

图4-5　产品设计的结构素描

(图片摘自：山东工艺美术学院网站　http://www.sdada.edu.cn)

知识拓展

结构素描，又称"形体素描"。这种素描的特点是以线条为主要表现手段，不施明暗，没有光影变化，而强调突出物象的结构特征。

接下来就讲一下结构素描的概要。

1. 结构素描中的线

在结构素描中，线是表现要素。以线为造型能够直接表现物象的结构本质特征，能够肯定地、清晰地表现出物象的比例和结构关系。并且能够表现出物象的虚实与明暗，使物象具有立体感。同时，还能表现出物象的不同质感，如柔软、坚硬、厚重等，如图4-6所示。

在结构素描中，线主要分为轴线、水平线、切线、垂线、剖线等构成。

(1) 轴线表示物体的中心和左右对称关系，用来检查物体在空间中的稳定感，如图4-7所示。

图4-6　产品设计的结构素描

（图片摘自：中国书法网　http://www.freehead.com）

图4-7　结构素描中的轴线

（图片摘自：百度文库　http://wenku.baidu.com）

（2）水平线表示空间位置关系和形体转折关系，用来检查物体在空间的平行水平状态和它与画面的位置关系，如图4-8所示。

（3）切线是指物体内部的构造关系，用来检查物体的稳定状态和空间的分割状态，如图4-9所示。

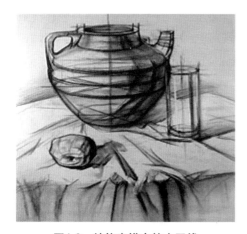

图4-8　结构素描中的水平线

（图片摘自：百度文库　http://wenku.baidu.com）

图4-9　结构素描中的切线

（图片摘自：百度文库　http://wenku.baidu.com）

（4）垂线表示物体空间位置关系和竖直转折关系，用来检查物体的比例关系和垂直关系，如图4-10所示。

（5）剖线表示物体空间的深度和厚度的关系，用来分析物体结构的造型与表面形成的复杂造型关系，如图4-11所示。

图4-10　结构素描中的垂线

（图片摘自：百度文库　http://wenku.baidu.com）

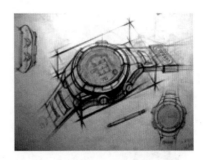

图4-11　结构素描中的剖线

（图片摘自：百度文库　http://wenku.baidu.com）

（6）投影线表示物体与空间的立体透视关系，用于区分物体结构与空间结构。

知识链接

　　在开始学习时，首先要加强线条的熟练程度，要做大量的线条练习。提高线条质量，也就是说达到熟能生巧，"巧"线条才有质量，线条有虚、有实、有粗、有细、有深、有浅，随着形体的变化而变化。做到变化中整体，整体中变化。这样的线条才富有生命力和动感。

2. 结构素描中的结构线

　　结构素描中的结构线分为内结构线和外结构线。许多物体除了表面的结构之外还有内在的结构。因此，在结构素描中，有必要将内外结构都表现出来。在线条的虚实处理上，要充分考虑内外结构线的不同：外结构线应重且实，内结构线要轻且虚。

　　结构素描中的结构线还分为主结构线和次结构线。较于内外结构线，主次结构线要复杂一些。如果仅画一个物体，主结构线就是外结构线，次结构线就是内结构线。但如果画一组物体，主次结构的关系就相对复杂。因为，不仅要表现出物体的内外结构，又要照顾到组合物体的层次和空间关系，如图4-12所示。

图4-12　结构素描中的主次结构线

（图片摘自：百度文库　http://wenku.baidu.com）

结构素描的基本画法(以写生为例,如图4-13所示)主要分以下四步。

第一步:观察物象,找出透视关系和基本比例。在反复的比较中确定基本形。

第二步:运用透视原理,用轻一些的长、直线画出物体整体与局部的形体结构、形体透视,并且反复检查调整。

第三步:采用推导造型的方法,分析结构,用线条准确地、深入地刻画物体的整体造型结构和空间结构关系,以及局部之间结构的组合关系。

第四步:进一步肯定物体结构关系和细节,注重内外、主次结构,要特别注意线条轻重缓急的变化处理。

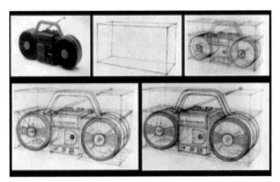

图4-13 结构素描的绘图步骤

(图片摘自:百度文库 http://wenku.baidu.com)

4.1.3 产品设计素描与绘画素描的区别

作为基础训练,产品设计素描与纯艺术绘画素描之间的区别在于以下几点。

1. 两者的侧重点和目的不同

作为绘画基础的素描是培养造型能力,训练正确的观感能力,主要依据外形轮廓的二维比例将物体形态描绘出来,以构图合理、轮廓准确、明暗层次变化丰富、质感和空间感强、虚实处理微妙等要求为练习重点,对形态的理解和表达着重在被描绘对象的外表形态,如图4-14所示。而产品设计素描是以比例尺度概念、形态组合、过渡规律、三维空间概念、形态的分析与理解为重点。其最终目的在于训练设计师用三维的思维去理解和表达对象,如图4-15所示。

图4-14 达·芬奇的素描作品

(图片摘自:昵图网 http://www.nipic.com)

图4-15 产品设计的结构素描表现

(图片摘自:百万瓦特网站 http://www.mwmw.cn)

2. 创作过程不同

纯艺术绘画素描是不受限制且有感而发的艺术创作活动，画者的主观感受起决定性作用，如图4-16所示。而产品设计素描则是按某个产品设计的总体要求进行的设计创意表达，它是感性与理性相结合的表现形式，目的在于表现或制造新的产品，具有商业和实用的作用，如图4-17所示。

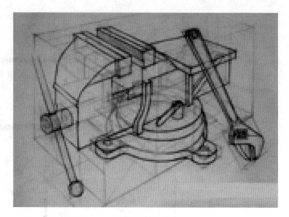

图4-16 艺术素描　　　　　　　图4-17 产品设计的结构素描表现

(图片摘自：百万瓦特网站　http://www.mwmw.cn)

3. 创作目的不同

纯艺术绘画素描对结构的注意是为了更好地画素描，而产品设计素描是为了更深入地理解结构，如图4-18所示。

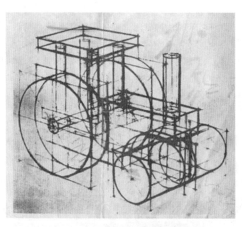

图4-18 产品设计的结构素描表现

(图片摘自：百万瓦特网站　http://www.mwmw.cn)

总之，产品设计素描的观察方法和思维方式需要让学生明白，内部结构决定外部发展。产品设计素描的观察包括结构的有意识观察，当我们认识到物体的外在形式与内在结构的有机联系时，就可以从物体在空间中的各个角度体会他们的形状，对物体的形式就有了进一步的感受，并因此产生审美感应和严谨的理性分析。

4.2　产品设计素描造型语言

4.2.1　造型语言

人类视野中的生活、自然都有可视的形象，这些形象以造型语言的形式给人类带来丰富的启示。造型语言是各种形象的组合之后传达给人类某种意图或情感的形式。产品设计素描造型的目的是通过制造出来的形象与观者进行交流，这是一种特殊的视觉语言。

[案例一]

设计师Erik Geens的产品设计手绘

造型语言的目的是为了让受众清晰地知道所产品的性能或使用方法。产品的造型语言则是设计师通过结构、形态、色彩、肌理、装饰等符号作为传递信息的语言。同世界各个国家和地区的方言一样，不同的设计师会有不同的造型语言。而在运用造型语言的过程中，也应该充分考虑文化背景和消费对象，使产品设计的思路通过有限的载体有效地传递给生产流水线的其他工种或是消费者。如图 4-19 所示是设计师 Erik Geens 的景观小品的产品设计表现。整张图分为四张小图组成，左一是该产品的重点表现图。设计师通过文字，如 sail(帆状物)，来解释产品上方的特征。右上展示了人体与该产品的比例。右中展示了产品置于广场景观中的效果。右下通过三维软件进行产品的表现。

如图 4-20 所示，也是设计师 Erik Geens 的产品设计手绘作品，该手绘作品的特点在于，用文字这一元素将产品的功能和使用功能诠释地非常详细，如 phone(手机) 可以装在这个挎包中的指定位置。

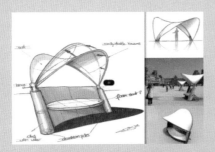 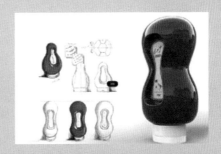

图4-19　设计师Erik Geens的产品设计手绘①　　图4-20　设计师Erik Geens的产品设计手绘②

(图片摘自：中国设计手绘技能网　http://www.designsketchskill.com)

(资料来源：中国设计手绘技能网　http://www.designsketchskill.com)

4.2.2　产品设计素描造型语言的特点

产品设计素描造型的语言也有自身的特点，表现为以下几方面。

1. 静态与动态

静态与动态是生活中最基本的物象。静态物体是无生命的，虽然它们自身不会变动，但也是相对的静态，比如一些自然或非自然的因素会使得一些静态的物象产生变化，如光线的变化就会使静态的物象产生变化，从而使自身的造型语言产生变化，在产品设计表现中，产品设计基本是静态的，通过质感、线条、明暗等因素使受众理解，如图4-21所示。

动态的物象是有生命的，除了会受到外界的变化因素的影响之外，它们自身的变化也很大。比如像动物或植物，尤其是人类作为高级动物，不仅有动态的表情或肢体的变化，还有心理变化。

2. 宏观与微观

被观察的对象有一个整体的内容范围，它是由许多局部组成的，在观察的过程中要遵循从大处着眼，从宏观整体到局部的法则。往往有些局部因细小或微妙被人忽视，如图4-22所示。

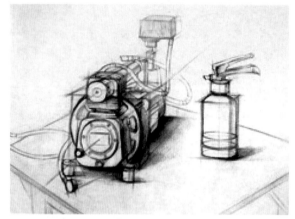

图4-21　素描表现

（图片摘自：百万瓦特网站　http://www.mwmw.cn)

图4-22　行李箱输出概念设计方案

（图片摘自：中国设计手绘技能网
http://www.designsketchskill.com)

3. 视觉心理传达

造型语言必然与眼睛发生关系，人的眼睛受视力限制会产生不同的视觉心理的变化。眼睛在接受形象信息的过程中会对不同形态及色彩有快或慢的不同反应。此外，眼睛还会产生视错觉，在观察对象的过程中还会与实际情况存在偏差。

载体不同，造型语言的观众观看方式就不同，因而产生的视觉心理也不同。面对不同的物象，观看方式各不相同，如一艘巨大的轮船、一个瓶子或是一个小产品上的细节，三种观察角度各不相同：抬头看、拿手里看、放在眼前看。这三种方式产生的视觉冲击与感受也不尽相同。

产品设计素描的受众因年龄、层次、爱好、审美趣味的不同，其表现语言也有针对性。因此，在进行产品设计素描的过程中，要明确受众，从而明确受众能接受的形式与内容。

4.2.3　进行素描造型语言的训练

造型指物体的外在形状及形状的表现。生活中的造型有自然造型和人为造型之分，还有个体造型、群体造型和局部造型的区别。

造型语言是指各种形态或形态组合形成的语言。不同类型的造型会拥有不同的结构，强调结构就是以研究结构变化规律为目的的功能服务，又要体现造型的变化。不同的结构在造型上各具特点。

(1) 在进行产品设计素描语言的训练之前，要了解产品设计素描造型的特点。

产品设计素描是为产品设计服务的，因此必须了解工业产品设计专业的特点及其对产品设计素描的要求，这样才能在教学过程中有所侧重。工业设计专业的内容有产品设计程序、产品设计二维表现、产品设计三维表现、人机工程学等。根据各个设计表现方式的需要，应学会在平面媒介上展示各种视觉效果，要求有正确的立体感和空间感。

(2) 进行产品设计素描造型语言训练的要点。

在进行产品设计素描造型语言训练的过程中，应采取由简到繁、写生与默写相结合的方法进行训练。从简单的写生入手，进而对复杂的形体进行写生练习。掌握基本方法和基本的作画步骤。

对一些基本表现方法有所了解之后，就可以对一些简单的产品模型进行写生练习，将这些模型归纳成几组基本形，然后进行具体地刻画。尤其要掌握各局部形体之间的组合结构关系、比例关系的表达，并观察形体与线型变化的规律。

除此之外，还要对产品设计素描的构图语言以及明暗语言进行训练。

知识拓展

人与产品之间存在着一种信息交流的关系，设计师在有了设计构想之后，首先要研究社会的经济、文化动向，了解产品的性能特征，对目标对象的各个方面包括文化层次、知识结构、经济状况等进行分析，然后运用自己富有创造性的想象，将构思转化为能够经过实践被大众所共识的视觉符号，从而准确诱导使用者的识别和操作行为，以达到设计目的。

4.3　综合案例解析：哑铃的产品设计手绘

方案设计说明

产品设计素描的造型语言主要通过物体的外在样式传达给受众，其中包括形状、色彩、明暗、肌理等形式。不同的造型会给受众带来不同的体验，如构图、笔触、线条、色彩等体验都会产生不同的感觉。将零散的视觉语言素材有机地组合在一起，才能产生生动的造型及优美的造型语言。另外，同一个形象用不同的形式表现，感觉会不一样，所产生的语言也会不同，抽去形象，内容的纯形式组合同样能够传达情感。

分析：

  该案例中的哑铃产品表现就是将零散的视觉语言组合在一起，向人们传递了产品的信息。如图4-23所示，直观地展现了哑铃的外观。而如图4-24所示，则通过图例和箭头元素诠释了产品的如何使用。如图4-25所示，也是通过图例和箭头的元素诠释了产品的零部件应该如何配合使用。

图4-23 哑铃的产品设计表现1

（图片摘自：中国设计手绘技能网 http://www.designsketchskill.com）

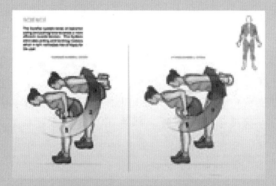

图4-24 哑铃的产品设计表现2

（图片摘自：中国设计手绘技能网 http://www.designsketchskill.com）

图4-25 哑铃的产品设计表现3

（图片摘自：中国设计手绘技能网 http://www.designsketchskill.com）

（资料来源：中国设计手绘技能网 http://www.designsketchskill.com）

本章主要介绍产品设计表现的素描造型基础,产品设计表现的素描造型是产品设计表现的造型基础,也是设计师应该锻炼的基本功。产品设计素描是一种用素描的方法描绘形态的结构规律,描绘形态在三维空间中的组合规律,将结构具象化,从而达到理解形态、认识形态的视觉表现训练方法。

一、填空题

1. "＿＿＿＿＿＿"是一种用单色描绘物体形象并传达情感的视觉造型艺术样式,是一切造型艺术的基础。

2. 图形的介入将平面变成了虚拟的空间,将物质的现实变成了想象力构成的＿＿＿＿＿＿。

3. 造型指物体的外在形状及形状的表现。生活中的造型有＿＿＿＿＿＿和＿＿＿＿＿＿之分,还有个体造型、群体造型和局部造型的区别。

二、选择题

1. 产品设计表现中的＿＿＿＿＿是产品设计表现的基础形式。
　　A．结构素描　　　　B．线　　　　　　　　C．结构关系　　　D．明暗变化

2. 产品设计素描是以＿＿＿＿＿、形态组合、过渡规律、三维空间概念、形态的分析与理解为重点。
　　A．色相　　　　　　B．比例尺度概念　　　C．饱和度　　　　D．明亮

3. ＿＿＿＿＿是各种形象的组合之后传达给人类某种意图或情感的形式。
　　A．结构素描　　　　B．绘画素描　　　　　C．产品设计　　　D．造型语言

三、问答题

1. 什么是产品设计素描造型?

2. 什么是结构素描?

3. 产品设计素描与绘画素描的区别有哪些?

4. 何谓造型语言?

第 5 章

产品设计表现的速写基础

学习目标

- 了解速写的概念及表现形式。
- 掌握产品设计速写的表现技法。

技能要点

产品设计表现　　速写　　绘画速写　　设计速写　　产品设计速写

案例导入

手机速写表现图

设计是一项综合的创造过程，在此过程中，设计师不仅要付出自己的综合能力，还应考虑整个生产流水线的需要。工业设计是一门涉及艺术和科学两大领域的，综合性的新兴交叉性学科。要求设计是具有敏锐的观察能力、丰富的想象能力、熟练的表达能力以及系统完整设计潜质。

分析：

"产品速写"是从事工业设计专业的人士收集素材资料，表达设计构想的一种语言，如图5-1所示，设计师用简洁的线条描绘了不同的角度的手机表现图，为素描图配上色彩，能够突出其立体感。

图5-1　手机速写表现图

(图片摘自：原本设计　http://www.odesign.cn)

(资料来源：中国设计网　http://www.cndesign.com)

5.1　关于设计速写

设计是一项创造活动，就工业产品的创意来讲，也许是从未有过的新型产品，这种产品的创意是没有参考样品的，无论多著名的设计师，都不可能一下子在头脑中形成相当成熟和完整的设计方案以及精确的设计细节。他必须借用书面的表达方式，如图形或文字记录想法且随时更改方案，而在所有的表现手法中，设计速写是最便捷最快速的表现形式，如图5-2所示，宝马设计师用简单的线条概括地描绘出了该款车型的大致特征。

图5-2 宝马设计师手绘稿

（图片摘自：原本设计 http://www.odesign.cn）

5.1.1 绘画速写与设计速写的异同

速写在美术的学科中而言是一种快速的写生技法。就像我们在做建筑的时候，需要先设计一个建筑的轮廓，速写也是这个意思，英文sketch在中文中是草图的意思。

速写是造型艺术的基础，是独立的艺术形式。速写最早出现在18世纪的欧洲，速写在以前是创作前的准备和记录的阶段。随着艺术的发展，速写也成了美术学习的必学科目，如图5-3所示，是安格尔的速写，这幅速写用写实的手法描绘了一个绅士的相貌。

学习美术与设计艺术，都要进行速写的训练。速写是表达创作或设计的重要手段，是一种积累经验的过程，也是艺术家或设计师不可缺少和不可忽视的重要基本功。

设计速写同美术速写一样，都需要扎实的基本功，但它又与美术速写有很大的差别，具有自己的独特功能和表现手法。

美术速写注重感性，可以夸张地表现人物的局部及细节，比较讲求线条和风格的个性化和艺术效果，在技法上用笔轻重有较大的变化，表现手法自由度较大。而设计速写的目的在于真实地反应物体的外观、结构和细节，具有一种说明性。因此，设计速写注重理性，要求比例尺度准确，不需要甚至不可以有夸张的成分。但是在表现物体或产品的过程中，又要求表现形式生动，富有感染力。

图5-3 安格尔速写图

（图片摘自：原本设计 http://www.odesign.cn）

[案例一]

列宾的速写

列宾是19世纪后期伟大的俄罗斯批判现实主义绘画大师。列宾在充分观察和深刻理解生活的基础上，以其丰富、鲜明的艺术语言创作了大量的历史画、肖像画，他的画作如此之多、展示当时俄罗斯社会生活如此广阔和全面，是任何一个画家都无法与之比拟的。

分析：

如图 5-4 所示是列宾的速写，刻画了几位神态迥异的人，真实地反映了室内的环境和人们的心态，线条虽自由，但谨慎。与图 5-4 不同，如图 5-5 所示，在这幅图中，列宾只是用简单的线条勾勒出了人们休憩的神态，线条也非常自由。

图5-4　列宾的速写1

(图片摘自：天堂图片网　http://www.ivsky.com)

图5-5　列宾的速写2

(图片摘自：天堂图片网　http://www.ivsky.com)

(资料来源：天堂图片网　http://www.ivsky.com)

[案例二]

刘传凯的设计速写

产品速写表现通常具有"通俗性""图解性""记录性""不追求画面的完整性""表现方法的多样性"等特征，该案例是著名设计师刘传凯的作品。

分析：

(1)"上海风"，如图 5-6 所示。

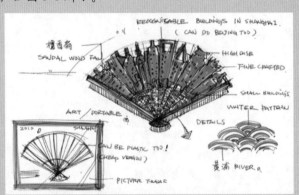

图5-6　刘传凯的设计速写1

(图片摘自：中国设计手绘技能网　http://www.designsketchskill.com)

夏天的上海比较闷热，在户外活动时有一把扇子是最好不过了。刘传凯的第四件作品正是一把折扇。一方面折扇是中国特有的一种扇子，另一方面可以将折扇的每一片扇叶做成上海标志性建筑的形状。因为上海的建筑都很高，与细长的扇叶在外形上刚好都是契合的，同时也能让游人近距离直观地感受到上海的城市风貌。下面的扇柄可以加一些水的特征元素，象征着黄浦江的水，与上面的建筑相互辉映，当你徐徐展开扇子的时候，浦江两岸的美丽画卷就逐渐呈现在你的眼前。整个扇子用檀香木材质做成，相对于"中国风"这个词汇，使用的时候感受着从"浦江两岸"吹来的含有檀木香味的习习"上海风"，无论对于身心，都是一种享受。

(2) 加减乘除计算器，如图5-7所示。

这个计算器具有一定的"两面性"，同样的按键，在正面印着加、乘，相应在反面印着减、除。上海人的精打细算是出了名的，不吃亏的特质俨然已成为地方人文风情的一个特征。双面计算器是特别为上海人设计的计算器。一面是算给自己看的，只有超大的减号，另一面是算给别人看的，只有超大的加号。在互相争取利益最大化的同时，总有一方要稍作让步吃点亏吧。

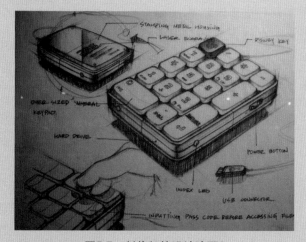

图5-7 刘传凯的设计速写2

(图片摘自：中国设计手绘技能网 http://www.designsketchskill.com)

"上海风"这款产品设计表现用图片和文字清晰表现了产品的材质、纹理和使用方法。不仅将产品设计表现与产品本身结合起来，而且笔触自然，非常具有感染力。"加减乘除"这款产品通过色彩取胜，对该产品进行了设计表现，与上幅图不同，该图的线条非常严谨。

(资料来源：中国设计手绘技能网 http://www.designsketchskill.com)

产品设计速写要求完整准确地表达产品的外观结构，也要求表现产品的内部结构，特别是拆解速写，如图5-8所示。对产品内部结构的理解程度将反映在对外观结构和形态的准确表达上。同时，设计速写也要求表达产品的重量感和材料质感。由此可见，设计速写具有相当强的严谨性和逻辑性。

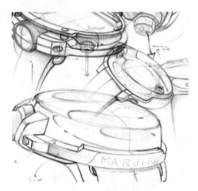

图5-8　拆解速写图

(图片摘自：中国设计手绘技能网　http://www.designsketchskill.com)

5.1.2　设计速写的逻辑性和功能性

　　工业设计的主要内容是产品设计，而其理论建立的基础是大工业生产的批量产品。所以，针对工业生产的产品的标准化和系列化就必然要求设计师在设计初期的设计草图在外观形态和内在功能结构上有严密的逻辑联系。

[案例三]

联想移动设计总监 Sean的设计草图

　　设计草图虽然被称为草图，但在标准化和逻辑化上有严格的要求，不仅要展现产品的外在，还要展现产品的内在及性能，因而在设计初期，设计师就应该严格要求自己的产品设计表现，使其具有一定的严谨性和逻辑性，该案例是联想移动设计总监Sean的设计速写。

　　分析：

　　如图 5-9 所示，是一组手机的产品设计手绘，设计师突出主题，将手机外形手绘作为相对较详细的表现，而其他作为陪衬部分，从不同细节展示产品。如图 5-10 所示是投影仪、遥控器和显示器的组合设计表现，设计师较有逻辑地展示了三种产品。

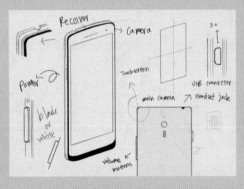

图5-9　联想移动设计总监 Sean的设计草图1　　　**图5-10　联想移动设计总监 Sean的设计草图2**

(图片摘自：中国手绘技能网　http://www.designsketchskill.com)

(资料来源：中国手绘技能网　http://www.designsketchskill.com)

设计速写作为产品创意的一种表现手段，必须服从产品创意的原则，要符合严谨的结构关系、比例和尺度关系，也就是说，如果不同的设计师表现的同一件产品，除了设计师用笔的风格之外，最后的效果基本是一致的。由此可知，设计速写表现的是产品的直观感觉，是将构想体现于画面，基本目的是使人理解，如图5-11、图5-12所示是产品设计师Mike Joude的一些线稿马克笔手绘图，使用文字和箭头的元素来让人理解产品设计速写。

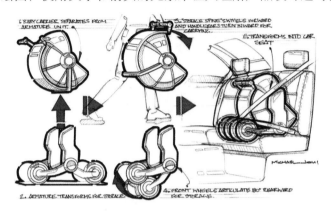

图5-11　产品设计师Mike Joude的手绘图1

(图片摘自：中国手绘技能网　http://www.designsketchskill.com)

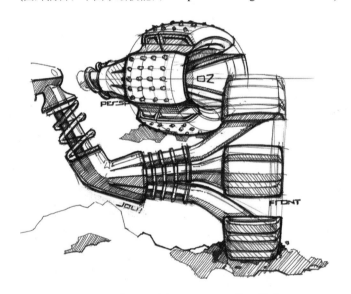

图5-12　产品设计师Mike Joude的手绘图2

(图片摘自：中国手绘技能网　http://www.designsketchskill.com)

知识链接

　　设计速写具有很强的功能性，其中包括，直观性、说明性、快速性。这是在设计创意阶段对产品设计表现提出的最基本的要求，如图5-13所示，这幅沙发手绘图清晰、直观地反映了产品的基本特征。

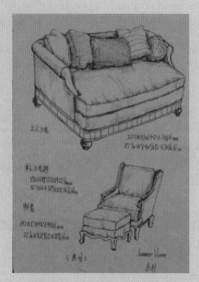

图5-13 产品速写的直观性

(图片摘自：中国手绘技能网　http://www.designsketchskill.com)

设计速写的功能除体现在对产品的直观表达外，也体现在训练设计师敏锐思维和想象能力的功能。经过大量的实践积累，设计师在创意过程中的表达逐渐直观，可以不断得出不同的方案，进而可以训练和增强设计师展开创意思维的能力，如图5-14、图5-15所示，鞋子的大量的创意表现图能够使设计师的思维进行拓展，从而更好地为消费者服务。

图5-14 鞋子的创意表现速写1　　　　　　　**图5-15 鞋子的创意表现速写2**

(图片摘自：中国手绘技能网　http://www.designsketchskill.com)

同时，不可忽视的是，设计速写的功能是计算机设计不可替代的，正如摄像技术不可替代绘画一样。只有在设计速写阶段打下坚实的基础，才有可能掌握好其他的表现手段，从而使我们的设计更完美。

5.2　产品设计速写的表现技法

产品设计表现的技法形式多种多样，每一种形式都有独有的特征，所产生的视觉效果和审美感受也不尽相同。设计师可根据不同的表现对象和不同的设计目的根据实际情况选择不同的表现技法。而作为捕捉创意火花的便捷工具，产品设计速写极为吻合创造性思维的感性直觉特点，因而成为工业设计师设计创意思维物化的最佳载体，成为创意灵感表现最活力的原创因素。产品设计表现具有多种表现形式，从工具上看，有铅笔速写、钢笔速写、马克笔速写等。从色彩上，有黑白速写、硬笔淡彩速写以及全部以色彩为主的水彩速写、水粉速写等。从画面的表现形式来看，有线描速写、线面结合速写以及近乎素描的色调速写等。在这一部分中，将重点介绍以下几种。

5.2.1　线描的表现技法

线条是线描速写最主要的表现手段，所以以线条为主的线描速写风格各异。不同的工具表现出来的线条不尽一致，如图5-16所示。铅笔、炭笔的线条有虚实、深浅的变化；粉笔有粗细、浓淡的变化。由于画者的风格不同，所表现出的线条风格也不同，有的设计师注重素描关系，用粗且实的线表现物象的前面或凸起的地方，以细且虚的线表现后退及减弱的部分。有的画家则只用粗细相同的线表现，而不考虑空间关系，用线的透视位置表现空间关系。

图5-16　不同类型的笔有不同的线条风格

(图片摘自：中国手绘技能网　http://www.designsketchskill.com)

总之，用线来表现产品设计是一个实用又考验基本功的技法。实际上，线在一切类型的速写中都占有很重要的地位，也只有线才能简洁流畅地表达物体的形态特征，使人们能够自然地一目了然地看清楚产品的基本形态及空间特征。

在产品设计的速写表现技法中，线描技法是较为普遍的表达形式。它运用透视规律，通过线的穿插描绘来表达产品的空间关系及虚实关系。通过用笔的变化来体现产品的功能特征和材料质感，如图5-17所示，运用笔的明暗变化来展示这款电吹风的不同。

线描表现中还常用加重物体轮廓线来强化形象，用较细的线条来表达次要物体与细节。线描技法可简可繁，既可以用简洁的线条突出物体的结构特征及虚实关系，又能用密集有致的线勾勒出繁杂多样的轮廓。同样也可用粗细错落有致的线性排列使画面有一定的装饰美感，如图5-18所示，粗细线条的结合使用，使产品速写表现得更加精致。

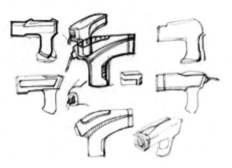

图5-17　电吹风设计草图

(图片摘自：中国手绘技能网
http://www.designsketchskill.com)

图5-18　用线条表现明暗关系

(图片摘自：中国手绘技能网
http://www.designsketchskill.com)

知识拓展

在学习产品设计表现技法的过程中，坚持线描速写的训练，有助于理解设计物的形态，从而明确物体的结构，进一步促进设计思维的深化。在进行训练的过程中，可以总结出来，铅笔的线条具有粗细浓淡变化；钢笔的线条既富有变化且概括性较强；针管笔线条粗细均匀流畅；针管笔与钢笔配合使用线条多有变化且较为流畅。

5.2.2　速写的明暗块面表现技法

单线条速写的方法虽然简单，但表现力非常单一，不能完全反映出物品的色调和色彩，尤其是高光部分，单线速写显得表现力不足。如果利用排线的方法形成明暗面块，这样就能丰富地表达出对象的体感和质感，如图5-19所示排线的变化、明暗的变化使设计师能够更准确地表现出了鞋子的不同质感。

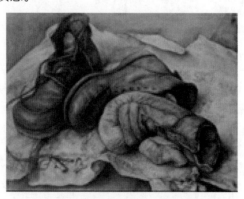

图5-19　明暗面块的速写表现

(图片摘自：中国手绘技能网　http://www.designsketchskill.com)

[案例四]

刀具设计草图

物体在环境中会产生明暗部分，素描就是利用铅笔来表现不同灰度的调子。在产品设计的速写表现中，利用排线和块面的方式来表现不同灰度的色调是一种常用的方式。利用不同灰度的调子来表现产品的阴影，不仅能使效果图看起来具有立体感，还能更好地展现产品的形态。下面是一款刀具的产品设计手绘，就是用明暗面速写的方式展现了该款刀具的形态特征。

分析：

如图 5-20 所示，是这款刀具的截面的设计图，该设计草图可以明确设计师的设计意图，并在不同的想法中寻求最佳设计方案。而如图 5-21 所示就是侧面图，可以看出该款刀具的形态特征。

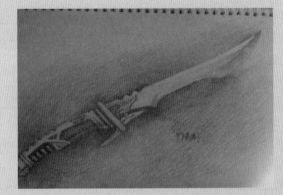

图5-20　刀具设计手绘图　　　　图5-21　刀具设计手绘方案

（图片摘自：中国手绘技能网　http://www.designsketchskill.com）

（资料来源：中国手绘技能网　http://www.designsketchskill.com）

明暗块面表现技法是在视觉上表现体积、光影、质感、空间等基本造型要素的最直接的技法，具有很强的真实感和视觉冲击力，如图5-22所示。但这类产品设计速写在绘画表现时通常会耗费很长时间，因此明暗面块速写与排线结合，能够提高书写的速度。这是如今工业设计师表达产品形态效果、反映设计意图不可缺少的基本手法。

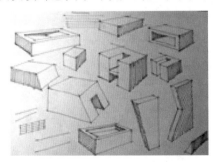

图5-22　明暗面块的速写表现

（图片摘自：中国手绘技能网　http://www.designsketchskill.com）

用明暗面块的手法进行产品速写，除了能够展示出物体的体积、光影、空间的变化之外，还可以表现物体的质感。

不同的速写工具反映出来的笔触和形式感都不尽相同，因此在速写的过程中要考虑到产品的构造、光线、质感，这样才能对不同的物体所产生的不同的视觉效果有不同的认识。

知识链接

明暗块面速写的关键在于迅速抓住大的明暗关系，快速营造出整个画面的明暗基调，适当选择一或两个视觉中心，进行深入刻画，并通过这种虚与实的对比刻画出产品形体间的空间关系和材料质感。

5.2.3 速写的铅笔表现技法

铅笔是工业设计中传统的表现工具，也是最基本、最常用和最方便的表达工具。它既能表现明暗变化的色调，又能表达明暗层次丰富的结构关系和光影空间效果，如图5-23所示，明暗对比使这些玩具产品更加具有立体感。

铅笔具有以下特征。

(1) 易于修改。这是区别于其他传统表现工具的特征之一。因而，在设计初期的草图阶段被广泛运用。

(2) 不易保存。铅笔速写不易保存，需配合使用定画液或松香、乳胶溶液喷于画面表层以妥善保管。

(3) 表现力丰富。铅笔在粗细纹理不同的纸张上会表现出不同的视觉效果，一定程度上能丰富铅笔的表现力，由于用力程度不同以及在绘制过程中笔尖和纸张成不同的变化，这就使线条具有丰富多变的效果。

铅笔线条的排列具有规则性、不规则性和勾勒性三种形式。如图5-24所示，按照产品设计速写对象的不同，可以表现出不同的视觉感触，增强画面的生气，从而达到丰富铅笔速写形式感的目的。

图5-23 玩具的铅笔设计表现

(图片摘自：中国手绘技能网
http://www.designsketchskill.com)

图5-24 铅笔的表现力

(图片摘自：中国手绘技能网
http://www.designsketchskill.com)

除了常见的黑白色铅笔之外，彩色铅笔也是产品设计速写中常用的色彩表现工具，可描绘出生动的色彩变化关系。在产品设计速写中较常见的彩铅表现形式是结合普通铅笔或钢笔线条，用体面结合的方法对画面基本色调进行简洁、快速的表现。

使用彩色铅笔进行物体造型，一般是先用普通铅笔或钢笔进行简单的勾勒，在关键的明暗转折部位适当用黑线处理，然后根据固有色把物体基本的体积和表面质感用彩铅进行刻画，着重注意固有色的明度变化及光影变化，注意保留高光的形状和位置，适当交代光源色与环境色。

需要注意的是，如图5-25所示的风景彩绘，彩铅的画法以刻画固有色的光影变化为主，不应反复多画，且应以干脆利落的线条为宜，线条的排列形式也要视光影质感变化灵活运用。

图5-25　彩色铅笔的表现力

(图片摘自：中国手绘技能网　http://www.designsketchskill.com)

知识拓展

与其他硬笔类的表现工具一样，彩铅基本使用笔触排列的方法表现色彩关系和体面转折关系。近几年出现的水溶性彩铅，因能使色彩在纸面上交融渗透，具有和水彩类似的明快效果，充实了彩铅的表现技法。

从工作效率和视觉效果上看，彩铅的形式符合产品设计速写的实际需要和审美特征，因此使用较为广泛。随着市场的扩大，各种类型的铅笔能够供设计师选择，初学者应该了解各种铅笔的技能，从而选择最适合自己的工具，表达出最丰富、最准确的效果。

5.2.4　速写的钢笔表现技法

钢笔具有便于携带、易保存、不易磨损、易印刷制版的特点，因此在产品设计表现的过程中也受到设计师们的青睐，如图5-26所示，钢笔的线条能够很好地表现汽车的效果。

钢笔产品速写的线条明确、力度感强，在敏感表现上黑白层次分明，具有很强的概括性。钢笔虽难于画出像铅笔那样细腻的灰调，但依靠不

图5-26　交通工具的钢笔表现

(图片摘自：站酷网　http://www.zcool.com.cn)

同形式的笔触和线条的排列，能够获得丰富的明暗色调层次，如图5-27所示。另外，橡胶头软笔及美工钢笔不仅可以画出宽线条，而且随手感的大小、笔尖与纸张角度的变化、运笔速度的快慢等不同，都能产生粗细、流畅、顿挫等不同变化的笔触。这些线条与产品设计的对象的明暗、结构等相协调，形成了钢笔速写的独特审美特征。

图5-27　钢笔的表现力

(图片摘自：站酷网　http://www.zcool.com.cn)

签字笔和针管笔有不同的型号，由于没有笔锋的变化，在工具配合下能画出挺直流畅的线条，因此，两者常被称为直线笔，特点是能巩固绘出粗细均匀的线条。不同粗细的针管笔在工具的配合下能画出均匀、笔直的线条。除此之外，签字笔比针管笔便于保养和随身携带，受到了很多设计师的欢迎。

总之，铅笔和钢笔作为产品设计表现的最基本的硬笔工具，其运笔方法、线条排列等都是非常基础的，因此，学好铅笔和钢笔的表现方法是硬笔类速写的基础和关键。

5.2.5　速写的马克笔表现技法

马克笔是目前产品设计师最常使用的色彩表现工具之一，通常配合钢笔使用。分油性和水性之分，色彩丰富，笔头有粗有细、有尖有平。因其本身具有较大的灵活性，更适合设计构思的快速表现，如图5-28、图5-29所示。马克笔在着色程序上一般由浅到深，由于具有硬笔的某些特点，因此笔触排列和衔接是马克笔基本的表现技法。

图5-28　马克笔的产品设计表现1

(图片摘自：中国手绘技能网
http://www.designsketchskill.com)

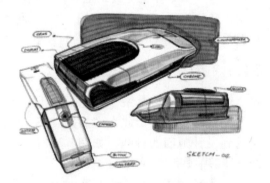

图5-29　马克笔的产品设计表现2

(图片摘自：中国手绘技能网
http://www.designsketchskill.com)

在产品设计表现中，马克笔不是用来涂色的，而是用来丰富灰色面的。因此，在处理速写暗面和灰色面时，有很多处理方式。通常，马克笔只处理产品本身，不处理背景。

[案例四]

马克笔的产品设计表现案例

为了追求丰富的效果和速写的明快特点，在处理产品的灰色层次时，可以适当超出产品本身的轮廓，特别是暗部。这样速写看上去能够非常柔和，不会干巴巴的，而且这种方法不至于太拘谨，有利于发挥，也更适合速写的风格和特性。该案例中的效果图既没有太拘谨，又非常严谨地表现了结构。

分析：

如图5-30所示，是手机的产品设计表现，该手绘图放弃了马克笔粗犷的笔触，使该表现图显得非常细腻。如图5-31所示，是一款汽车的设计手绘，该款手绘马克笔的运用也非常柔和，和产品的特质非常相符。

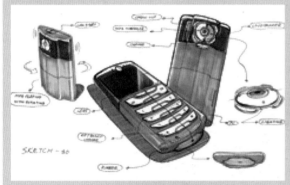

图5-30　马克笔的产品设计表现1　　　　图5-31　马克笔的产品设计表现2

(图片摘自：中国手绘技能网　　　　(图片摘自：中国手绘技能网

http://www.designsketchskill.com)　　　http://www.designsketchskill.com)

(资料来源：中国手绘技能网　http://www.designsketchskill.com)

知识链接

马克笔相对于铅笔和钢笔而言，其运用的方法是一个难点，特别是笔触的排列，这需要初学者在学习的过程中多练习并积累一定的经验才能得心应手。

5.3 综合案例解析：中国台湾地区产品设计师Vic Yang手绘

方案设计说明

不同的速写工具具有不同的画面效果，在产品设计手绘中，使用马克笔来进行产品设计手绘是一个非常常用的方法，因为马克笔的自身特性，可以使整个手绘看起来有体积、光影、空间的变化。来自台湾地区的产品设计师 Vic Yang 是一个多才多艺的人，手绘功底非常深，手绘表达也非常干净整洁。

分析：

如图 5-32 所示的手绘采用彩铅和马克笔相结合的方式，不仅将产品的质感和肌理进行了描绘，而且画面整洁，概括性强。如图 5-33 所示的采用彩铅和马克笔相结合的方式，大胆的笔触、轻松的处理方式，使产品的性能凸显了出来。如图 5-34 所示的汽车的产品设计表现，设计师熟练地运用马克笔进行表现。

图5-32　产品设计师Vic Yang设计表现1

（图片摘自：中国手绘技能网　http://www.designsketchskill.com）

图5-33　产品设计师Vic Yang设计表现2

（图片摘自：中国手绘技能网　http://www.designsketchskill.com）

图5-34 产品设计师vic yang设计表现3

(图片摘自：中国手绘技能网 http://www.designsketchskill.com)

(资料来源：中国手绘技能网 http://www.designsketchskill.com)

设计速写为设计活动的进行提供了便捷的表现形式，它能真实地反应物体的外观、结构和细节，说明性较强，在产品设计表现中用途非常广泛。除此之外，设计速写由于将产品的内部结构和外部形态均能表现出来，且具有很强的严谨性和逻辑性，因此能够很好地达到沟通的作用。本章重点概述了产品设计表现的速写基础，阐述了产品设计速写在设计速写中的重要位置。

一、填空题

1. _____是造型艺术的基础，是独立的艺术形式。速写最早出现在18世纪的欧洲，速写在以前是创作前的准备和记录的阶段。

2. 产品设计速写要求完整准确地表达_____，也要求表现产品的内部结构，特别是拆解速写。

3. 用明暗面块的手法进行产品速写，除了能够展示出物体的体积、光影、空间的变化之外，还可以表现_____。

二、选择题

1. 工业设计的主要内容是_____，而其理论建立的基础是大工业生产的批量产品。

A. 色相 B. 产品设计 C. 饱和度 D. 明亮

2. 单线条速写的方法虽然简单，但表现力非常单一，不能完全反映出物品的_____，尤其是高光部分，单线速写显得表现力不足。

A. 色调和色彩 B. 明度 C. 饱和度 D. 明亮

3. 马克笔是目前产品设计师最常使用的色彩表现工具之一，通常配合_____使用。

A. 铅笔 B. 碳素笔 C. 画笔 D. 钢笔

三、问答题

1. 设计速写在工业产品设计中的地位是什么？

2. 产品设计速写与绘画速写有什么异同？

3. 产品设计速写的表现形式有哪些？

第6章

产品设计表现的构成基础

学习目标

- 掌握形式美法则及审美的形式规律，学会如何处理物象与物象之间的关系。
- 掌握和了解色彩的知识，侧重色彩规律的科学训练及主观运用。
- 培养对立体形态的认识和塑造能力，培养对立体形态及空间的理性分析和创造能力。

技能要点

构成　　平面构成　　色彩构成　　立体构成

案例导入

产品设计表现

产品的三大构成体系包括平面构成、色彩构成、立体构成。如图 6-1 所示，它是日本当代著名的设计教育家和设计师清水吉治的作品，此作品以表现智能手表为目的，符合他一贯整洁、细致的设计风格。

图6-1　产品设计表现

分析：

如图 6-1 所示，从构成要素分析，该作品的构图属于流线型，分别有圆形、三角形等元素；在色彩上，黑色、红色、蓝色相互搭配，十分协调；作品的整体既有远视感，又有一种现实的整体效果。在该作品中，设计师使用三角形沟通，从产品的侧面进行表现，使用一点透视的方式，使此作品能够很好地看到产品的细节。

6.1 平 面 构 成

构成是指将各要素按照美的形式有机地组合，形成一个新的形态。平面构成是指将平面设计中的诸要素进行有机组合，形成一个新的合适的图形。如何处理各要素之间关系、如何造型、如何掌握形式美的法则并将法则运用到设计中，从而提升设计人员的审美能力，这是平面构成学习的主要目的。

平面构成旨在将生活中的感受进行加工和取舍，集中美的因素，使作品富有感染力，并且锻炼思维能力，使作品不仅美观且具有实用价值，真正做到艺术源于生活并高于生活。

知识链接

学习构成目的是为了将学生从传统的美学意识和教学模式中解放出来。同时，培养学生设计的概括能力、归纳能力和色彩感知能力，进而训练学生设计思维的转变、想象力的提升和新的设计思维的形成。

6.1.1 平面构成的基本要素

在平面构成中，有形态要素和构成要素两个方面。最基本的形态要素为点、线、面。构成要素是大小、方向、明暗、色彩、肌理等。以这些基本要素为条件，加以组合构成，便会创造出无数理想的抽象造型。

1. 平面构成的基本要素——点

在几何学的定义里，点是没有大小、没有方向，仅有位置的。点是线的开端和终结，是两线的相交处。但从造型意义上讲，点有不同的含义。点必须有形象，其存在才是可见的。因此，点是具有空间位置的视觉单位。它没有上下左右的连接性和方向性，其大小绝不允许超越当作视觉单位点的限度，超越这个限度，就失去了点的性质，就成为形或面了，要具体划分其差别界限。此外，点是造型艺术中最小的构成单位。

从点的作用来看，点是力的中心。当画面中只有一点时，人的视线就集中在这个点上，它具有紧张性。

因此，点在画面的空间中，具有张力作用。它会使人在心理上产生一种扩张感，如图6-2所示，图中心黑点在线的配合下有往外扩张的视觉感。

当空间中有两个同等大的点，各自占有其位置时，其张力作用就表现在连接这两点的视线。在心理上产生吸引和连接的效果，如图6-3所示，图中的两颗黑点在线的配合下有相互吸引的视觉感。

当空间中的同大的三点在三个方向均匀散开时，其张力作用就表现为一个三角形，如图6-4所示，三个圆点被心理连线连接成了一个三角形。

图6-2　点的张力作用

图6-3　点的心理连线1

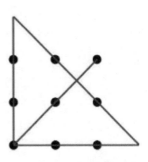

图6-4　点的心理连线2

点具有"错觉"的特点。

所谓"错觉",就是感觉与客观事实不相一致的现象。点所处的位置,随着其色彩、明度和环境条件等的变化,会产生远近、大小等变化的错觉。

一般明亮的暖色有前进和膨胀的感觉,而冷色会有后退和收缩的感觉。因此,在黑底上的白点,比在白底上同等大的黑点显得要大。白点有扩张感,如图6-5所示,黑点有收缩感,如图6-6所示。按照这一理论,在设计中用明亮色彩,突出商标或主题文字;同时,将设计中的辅助文字或图形的色彩设置为冷色调,便会增强突出商标或主题文字,而减弱辅助文字或图形的视觉感,达到设计的目的。

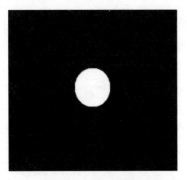

图6-5　白点有扩张感

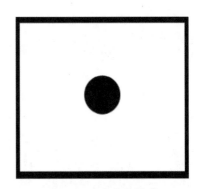

图6-6　黑点有收缩感

2. 平面构成的基本要素——线

在几何学定义里,线是只具有位置和长度,而不具有宽度和厚度的点的移动轨迹,并且是一切面的边缘和面与面的交界。

从造型含义来说,我们必须能够看到线,所以,线具有位置、长度和一定的宽度。它在造型设计中是不可缺少的。

线有两种,即直线和曲线。当点的移动方向一定时,其轨迹就是直线;当点的移动方向不断变换时,其轨迹就是曲线;点的移动方向间隔变换时,其轨迹就是曲折线,它介于直线与曲线之间。例如:直线多角形,当每边都用直线组成,且直线的数量不断增加时,直线的长度就会缩得越来越短,直线连接的效果便会接近为曲线。

在造型中,线比点更具有较强的感情性格。它的重要性格主要表现为长度。而长度又是由点的移动量来决定的。除了移动量之外，点的移动速度也支配着线的性格。比如，速度的大小，决定线的流畅程度，能表现出线的力量强弱。加速、减速或者速度的不规则变化，以及移动方向的变化，都会有各种性格的产生。

知识拓展

　　线，对于刻画形象和画面构成发挥着重要的作用。特别是东方绘画艺术中，其主要表现手段，是各种不同的线。归纳起来，可以说就是直线和曲线，以及二者的结合。

线的性格，一般说，直线表示静，曲线表示动，曲折线有不安定的感觉。

线的种类有如下几种。

(1) 直线，是男性的象征，具有简单明了、直率的性格。它能表现出一种力的美。其中，粗直线，表现力强，钝重和粗笨；细直线，表现秀气，锐敏和神经质；锯状直线，有焦虑，不安定的感觉，如图6-7所示。

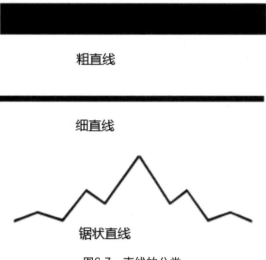

粗直线

细直线

锯状直线

图6-7　直线的分类

(2) 几何曲线，是用规矩绘制而成的曲线，它是女性化的象征，比直线较有温暖的感情性格。曲线具有速度感、动力感、弹力感。如图6-8所示，曲线会使人体会到一些柔软、幽雅的情调。而几何曲线却有直线的简单明快和曲线的柔软运动的双重性格。

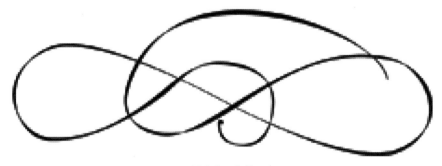

图6-8　曲线

几何曲线的典型表现是圆周，它有对称和秩序性的美。在设计中，时常运用圆形所具有的美的因素，有组织地加以变化，可取得较好的效果。如图6-9所示，是三个同心圆组成的图形，如图6-10所示，是将图形沿着垂直和水平的两个轴线切开后，进行放射状的错位排列所构成的新图形。其视觉效果，较原来的图形更加活泼。从中可以看出，因几何曲线周围过于有秩序，并且是对称图形，所以，显得有些呆板。

图6-9　同心圆图形

图6-10　错位的曲线图

(3) 自由曲线，它是用圆规表现不出来的曲线。自由曲线更加具有曲线的特征，富有自由、优雅的女性感。自由曲线的美，主要表现在其伸展自然，具有圆润和弹性，整个曲线有紧凑感。在设计中需要充分发挥其美的特征，例如钢丝、竹线，具有对抗外力的反作用力的感觉。如果像毛线或铅丝状的曲线，因不具有弹性和张力而显得软弱无力，缺乏韵律，这种曲线是不美的。

3. 平面构成的基本要素——面

面，在几何学中的含义是，线移动的轨迹。垂直线平行移动形成方形；直线回转移动形成圆形；倾斜的直线进行平行移动形成平行四边形；直线以一端为中心，进行半圆形移动形成扇形，直线做波形移动会形成旗帜飘扬的形状；等等。

6.1.2　平面构成的形式美法则

探讨形式美的法则，是艺术学科共同的课题。现实中虽然每个人由于经济地位、文化素质、思想习俗、生活理想、价值观念、审美追求和理想标准等皆不相同，但对于美或丑的感觉却存在着一种共识。这种共识是人类社会在长期的生产生活实践中积累的，其依据就是客观存在的美的形式法则。

1. 调和与对比

调和亦称和谐。当两个或两个以上的构成要素彼此在质与量的方面皆具有秩序和统一的效果，或具有安静和舒适的感觉都可以称之为调和。

单独的一色，一根线无所谓调和。只有几种要素具有基本的共通性和融合性才能称其为调和。但是，当要素之间的类似被过分强调时，反而易形成单调。

调和有形态、大小、方向、色彩、质感等的调和。

对比又称对照是指把色彩、明暗、形态、材料的质与量相反的两个要素排列或组织，并强调其差异性，使人感受到鲜明强烈的感触而仍有统一感的现象。

如图6-11所示，对比关系主要通过色调的明暗、冷暖、形状、大小、粗细、长短、方圆，方向的垂直、水平、倾斜、数量的多少，距离的远近、疏密、图与地的虚实、黑白、轻重，形态的动静等方面因素来实现。

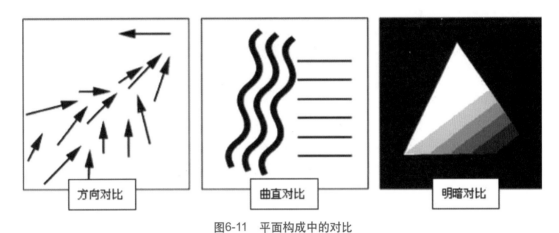

图6-11　平面构成中的对比

处理对比关系时，视觉要素各方面要有一个总的趋势，有一个重点，相与烘托。如果处处对比则会失去对比效果。

2. 对称和平衡

对称又称均齐。假定在某一图形的中央设一条垂直线，将图形划分为相等的左右两部分，且其形量完全相等，那么该图形即是左右对称的图形。该线即为对称轴，又称镜照对称。以某一点为中心，让图形产生旋转，使其与另一个图形完全重叠则称这两个图形为"旋转对称"。点对称有向心式的求心对称和离心式的发射对称，以及自圆心逐渐扩大的同心圆对称。如图6-12所示，对称的形式具有静态的美感。

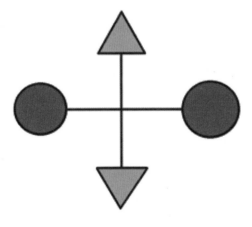

图6-12　对称的美感

知识链接

在平衡的两端承受的重量由一个支点支持，当双方获得力学中的稳定状态时，即出现平衡。这是实际的重量关系中的平衡，也是杠杆原理中的平衡。而平面构成中的平衡关系指的是两个以上的构成要素在造型、色彩、质感等方面彼此具有的相对的稳定状态，并不是实际的重量均等关系。平衡打破了对称的稳定而产生变化，形成一种势均力敌的异形同量的姿态。具有活泼、自由、轻松、生动的感觉。平衡不能用数量的方法去推算。在生活现象中平衡是动态的特征，如人体的运动、鸟的飞翔、野兽的奔跑等都是平衡的形式。所以平衡的构成具有动态的美感。

3. 节奏和韵律

节奏和韵律，是借用音乐艺术的用语。设计师应该善于发现和吸收生活中的节奏与韵律，并运用到设计中去。在平面构成中所表现出的节奏和韵律具有一定的秩序性，如图6-13所示，它按照一定的比例，有规则地递增或递减，并具有一定的阶段性变化，造成了富有律动感的形象。

图6-13　平面构成中的节奏与韵律

6.2　色彩构成

色彩构成即色彩的相互作用，是从人对色彩的知觉和心理效果出发，用科学分析的方法，把复杂的色彩现象还原为基本要素，利用色彩在空间、量与质上的可变幻性，按照一定的规律去组合各构成之间的相互关系，再创造出新的色彩效果的过程。

6.2.1　光与色

光使自然界中的一切景物都呈现出了美妙的色彩。如果在黑夜中没有光，即使再美丽的景物，都感受不到它的艳丽。于是，光唤起了人对色彩的感知。

光在物理学上是一种电磁波。只有波长0.38～0.78微米的电磁波才能引起人们对色彩的视觉感受。此波长范围的光被称为可见光。波长大于0.78微米的光被称为红外线，波长小于0.38微米的称为紫外线，如图6-14所示。

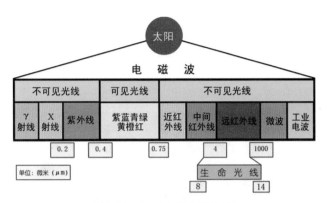

图6-14 可见光的光谱范围

光以波动的形式进行直线传播,具有波长和振幅两个因素。不同波长的光会产生色相差别。不同振幅的光产生同一色相的明暗差别。光在传播时有直射、反射、透射、漫射、折射等多种形式。光直射时直接传入人眼,视觉感受到的是光源色。当光源照射物体时,光从物体表面反射出来,人眼感受到的是物体表面色彩。当光照射时,如遇玻璃之类的透明物体,人眼看到是透过物体的穿透色。光在传播过程中,受到物体的干涉时,则产生漫射,对物体的表面色有一定影响。例如光通过不同物体时产生的折射,反映至人眼的色光与物体色相同。

知识拓展

所谓的物体"固有色",实际上是常光下人们对此的习惯而已。如在闪烁、强烈的各色霓虹灯光下,所有建筑及人物的服色几乎都失去了原有本色而显得奇异莫测。

6

6.2.2 色彩三要素及色彩对比

1. 色彩三元素

色相:即色彩的相貌。通常,我们借助色彩的名称来区别色相。如图6-15所示,是从物体反射或透过物体传播的颜色。在整个标准色轮上,按位置度量色相。

明度:即色彩的明暗深浅程度。色彩的明暗程度可以排列为9个阶段,如图6-16所示。色彩可以分为有彩色和无彩色,但后者仍然存在着明度。作为有彩色,每种色各自的亮度、暗度在灰度测试卡上都具有相应的位置值。

饱和度:即色彩的鲜艳程度。用数值表示色的鲜艳或鲜明的程度称之为彩度。有彩色的各种色都具有彩度值,无彩色的色的彩度值为0,确定有彩色的色的彩度(纯度)高低的方法是根据这种色中含灰色的程度来计算,如图6-17所示。

图6-15 展示色相的色轮

图6-16 色彩的明度

图6-17 色彩的饱和度

2. 色相对比

两种以上色彩组合后，由于色相差别而形成的色彩对比效果称为色相对比。它是色彩对比的一个根本方面，其对比强弱程度取决于色相之间在色相环上的距离(角度)，距离(角度)越小对比越强，反之则对比越弱，如图6-18所示。

图6-18　色相对比

3. 明度对比

两种以上色相组合后，由于明度不同而形成的色彩对比效果，称为明度对比。它是色彩对比的一个重要方面，是决定色彩方案感觉明快、清晰、沉闷、柔和、强烈、朦胧与否的关键，如图6-19所示。

4. 纯度对比

两种以上色彩组合后，由于纯度不同而形成的色彩对比效果，称为纯度对比。它是色彩对比的另一个重要方面，但因其较为隐蔽、内在，故易被人们忽视。在色彩设计中，纯度对比是决定色调感觉华丽、高雅、古朴、粗俗、含蓄与否的关键，如图6-20所示。

图6-19　明度对比九宫格

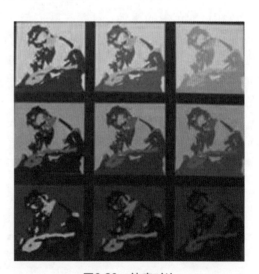

图6-20　纯度对比

6.3 立 体 构 成

人们生活在立体的世界中，从日常使用的物品到所处的居住环境，三维空间与人们的生活息息相关，作为从事设计的工作者来说，为人类创造更多、更实用、更美观的物品是设计师的职责，立体构成旨在培养人的空间想象能力和思维意识，研究和探讨如何在三维空间中利用立体造型要素和语言。

6.3.1 立体构成的要素

1.点元素

立体构成的形态元素中，点是最基本、最简洁的几何形态。

[案例一]

"仙人球沙发"设计表现

在立体构成中，点是有位置、有长度、有厚度、有宽度、有方向、有大小的实体。点是立体构成中所有形态的基础，是形态中的最小单位，也是最常用的元素。正如本案例中的仙人掌沙发一样，将零散的个体或组成一个整体，如图 6-21 所示；或排列成一个个单独的个体，如图 6-22、图 6-23 所示，充分体现了在设计中，点的灵活性和多样性。

分析：

在这组设计中，最吸引眼球的不是点的造型，而是那让人出冷汗的仙人球图案。但是，从家具整体上看，由于该设计用了大小不等的仙人球，并且能够随意排列，因此，点在该设计中的起到的吸引研究的作用也非常鲜明。

图6-21 组合在一起的仙人球沙发

图6-22 单个的仙人球沙发也能吸引人的眼球

图6-23 可以随意组合的仙人球沙发

2. 线元素

线也是立体构成的基本形态要素之一。几何学中的线有位置和长度，而不一定具有宽度和厚度。线在形态上可以分为直线和曲线两大类。其中，直线给人稳固的感觉，曲线给人柔美的感觉。

在立体构成中，线是具有长度、宽度及深度的实体，与几何学上的线不同。在立体构成中，只要能与周围视觉要素比较出线的特征，都可以称之为线。如图6-24所示，是一座用线的组合构成的雕像。

3. 面元素

在几何学中，面没有厚度，只有长度和宽度，是由点的密集排列和线的排列形成的。

在立体造型中，面元素塑造的形体具有很好的分量感，如图6-25所示。同时，面具有延展感，稍微进行加工，面就能够成为体块。

 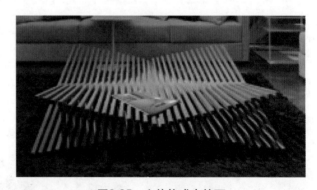

图6-24　艺术家GilBruvel刚柔并济的雕像　　　　图6-25　立体构成中的面

同点、线一样，面元素也具有较强的视觉性，不同的形状具有不同的视觉感受。在现代化的都市中，许多建筑都由具有棱角的面组成，给人以硬朗、大气的感觉，同时也会给人冷漠、工业化的感觉；而圆形、弧形的面，给人以自然活泼、丰富温柔的感觉。

4. 块体元素

在造型设计中，无论是艺术品还是生活用品，块体元素应用得非常普遍。大到建筑，如图6-26所示；小到餐具，如图6-27所示。

块体可以分为空心块和实心块。空心块给人镂空的感觉，实心块给人厚重的感觉。

图6-26　台湾桃园Hunya巧克力博物馆

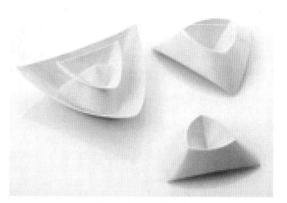

图6-27　餐具设计

知识链接

　　立体构成是按照形式美的原理创造出富有个性和审美价值的立体空间形态的学科，了解立体构成的元素及形式美法则，有助于产品设计师在进行设计表现的过程中从空间形态考虑，更好地进行产品设计的表现。

6.3.2　立体构成的感觉

1. 量感

　　量感是指心理量对形态本质的感受，这种形态本质也是内力的运动变化。内力的运动变化通过形体的外在展现出来。量感可以是体积感、容量感、重量感、数量感、界限感、力度感等。

2. 空间感

　　人的空间观念，是各种感官相互协调的结果，是外界事物与人的自身相互协调之后确定的空间的存在。没有身体运动的经验就谈不上空间的知觉，近大远小的空间感就是人在长期的经验下获得的判断。人对空间的距离、大小的判断，无须触觉的介入，仅凭视觉就能大致心中有数，这是眼睛运动经验积累的结果。当人感知到，经过眼睛运动经验的积累，人就能够很清楚地在图中看出空间感。

3. 肌理感

　　肌理是人类操作的表面效果，由触视觉感受的心理行为。肌理的创造非常强调造型性。肌理可分为视觉肌理和触觉肌理。由物体表面组织构造所引起的视觉触觉，称为视觉肌理感，如图6-28所示。同理，由物体表面组织构造所引起的触觉之感，称为触觉肌理感。

图6-28　折皱后的纸

6.3.3 立体构成的形式美法则

随着人们物质生活水平的提高，人们对于精神世界的要求也越来越高。逐渐地，人们对于美的要求也开始有了一种百变不离其宗的形式美法则。形态由造型元素组合在一起，元素通过形式美法则被合理地组织和安排。

1. 对比与统一

亚里士多德认为，美主要表现为适当的排列、比例和一定的形状，艺术的美是因为它是一个有机的整体，"美是和谐与比例"，从而达到"统一中有变化，变化中有统一"。立体构成的对比与统一是相互依存的，是共同为了艺术品的和谐而存在的。如图6-29所示，线、面、体的对比与统一组成了一组非常具有美感的沙发。

图6-29 材质的对比与功能统一的设计表现

立体构成中的对比是指在立体构成中，构成的各要素以对比的形式存在，如形状的对比、方向的对比。统一是与对比相矛盾的概念，是指在立体构成中，构成的各要素以共性的形式存在，以求差异性的减弱，从而获得统一。

2. 节奏与韵律

歌德曾说："美丽属于韵律"。在立体构成中，节奏与韵律以多种方式存在，节奏是韵律以单纯化，韵律是节奏形式的丰富化，如图6-30所示，是用线与点组合成的一组非常具有韵律感的台灯。图6-31是用面与线组合成的一个既具有曲线美又具有韵律感的座椅。

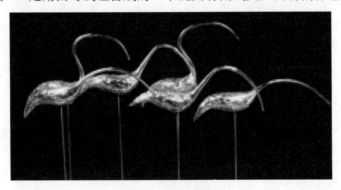

图6-30 重复的韵律

图6-31 起伏的韵律

3. 比例与尺度

在立体构成中, 比例是指形体整体与部分、部分与部分之间的比率关系, 以及由此而体现出的美感。形体的比例可以通过视觉来感知和认识, 因而符合人的审美要求的比例才能创造出令人愉悦的产品。如图6-32所示, 就是按照人体的比例设计的防打扰椅子。

图6-32 防打扰椅子

6.4 综合案例解析: 上海树——米卡多树

方案设计说明

量感的艺术内涵使物体具有生命活力。量感, 是充满生命活力的形体所具有的生长和运动状态在人们头脑中的反映。只要有意识地塑造, 使之具有对外的张力、自在生命力和运动感, 就表达了量感。如图 6-33 所示, 设计师用模型树展示了无穷的生命力。

分析：

米卡多是一种多人参与的游戏，游戏过程中，将木棍捡起并保证不能触碰或移动其他木棍。意大利是米卡多游戏的盛行地之一。艺术家帕斯卡·马赛恩·塔尤借助这种游戏为上海世博会设计了这株巨大的树，以此体现大自然的广阔无边，亦来表现生命力和运动感，如图6-33所示。

图6-33　上海树——米卡多树

 **本章小结**

本章主要介绍产品设计的构成，包括平面构成、色彩构成、立体构成。平面构成是指在二维平面内创造理想形态，或是将形态要素(形态、色彩、肌理)按照一定的法则进行分解、排列、组合，从而构成理想形态的造型设计；色彩构成是将两个或两个以上的色彩的最基本要素，按照一定的规律和法则重新搭配、交变，组合成新的理想的色彩关系的过程；立体构成是研究立体形态的材料和形式的造型基础学科。通过学习本章内容，使初学者了解三者的原理及要素，从而培养初学者对平面图形的抽象理解和创造能力。

一、填空题

1．构成是_____。

2．在平面构成中，_____、_____、_____是最基本的形态要素。

3．光以波动的形式进行直线传播，具有_____和_____两个因素。

二、选择题

1．_____即色彩的相貌。通常，我们借助色彩的名称来区别色相。

    A．色相   B．明度   C．饱和度   D．明亮

2．_____即色彩的明暗深浅程度。0～10之间等间隔的排列为9个阶段。

    A．色相   B．明度   C．饱和度   D．明亮

3．_____即色彩的鲜艳程度。用数值表示色的鲜艳或鲜明的程度称之为彩度。

    A．色相   B．明度   C．饱和度   D．明亮

三、问答题

1．三大构成能够为产品设计表现提供什么作用？

2．色彩的三要素是什么？

3．立体构成的形式美法则是什么？

6

第7章

产品设计手绘表达

学习目标

- 了解产品设计手绘的注意事项。
- 掌握常见产品设计的手绘方法。

技能要点

产品设计手绘　　产品设计表现

案例导入

人性化移动设备设计手绘方案

产品设计需要很严谨的设计流程，设计流程是每个设计公司团队在设计的时候最重要。所以每个设计师必须懂得设计流程，用严谨的设计流程去设计每一件产品，这样设计出来的产品才是最好的，最符合社会发展的。如图7-1和图7-2所示，多功能水杯的外形设计十分精美，符合年轻人的审美观念和喜好。设计流程的开始是设计研究和设计调研，这是设计的开始，也是最重要的，查找分析所有的资料对接下来概念设计的时候有很好的帮助。

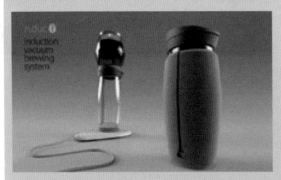

图7-1　多功能水杯成品图1　　　　　图7-2　多功能水杯成品图2

(图片摘自：百度图片网　http://www.image.baidu.com)

分析：

这个多功能水杯从调研到最后的设计手绘方案，整个过程十分明朗，制定时间表，调研分析，概念草图，功能分析，材料颜色分析到最后效果图。如图7-3所示，对水杯的细节进行了详细说明，十分清晰。

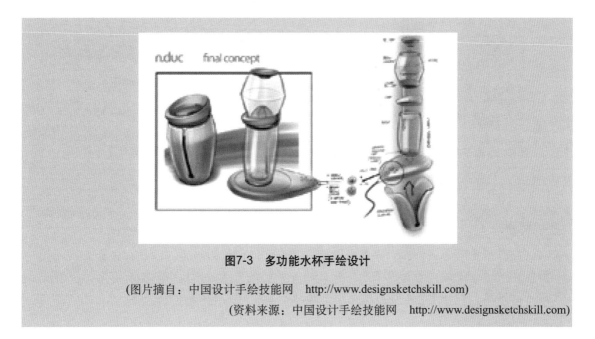

图7-3　多功能水杯手绘设计

(图片摘自：中国设计手绘技能网　http://www.designsketchskill.com)

(资料来源：中国设计手绘技能网　http://www.designsketchskill.com)

7.1　产品设计手绘表现基础

工业设计的产品开发过程是一个从无到有，从想象到现实的过程，最终要有一个看得见、摸得着的形象展现在人们的面前。优秀的工业设计师以较清晰的产品设计表现图，将头脑中一闪而过的设计构思，迅速、清晰地表现在纸上，展示给有关投资、生产、销售等各类专业人员，以此为基础进行协调沟通，以期早日实现设计构思。因此，在此过程中，要了解产品设计表现的学习要点及学习目的，以达到事半功倍的效果。

7.1.1　学习过程中的注意要点

产品设计手绘表现图是产品设计的专业化的特殊形象语言，是设计师表达设计创意必备的技能，也是产品设计全过程中的初始环节与最重要的环节。设计师应该用产品设计表现的特有方法进行表达，以满足消费者需要并符合生产加工技术条件的产品设计构想，通过快速表现技巧加以视觉化展现的技术手段，如图7-3所示，明确地展示了产品的特征。

产品设计手绘表现图应该是准确、清晰、自然，具有很强的直观性的图形作品，并不仅仅是一副好看的画，而是一个新产品诞生的依据和工业设计师想象力与设计构思紧密联系并物化了的思维过程，如图7-4、图7-5所示是一款PSP的手绘设计，通过不同角度和文字的展示和这款产品的外形特征和基本性能。

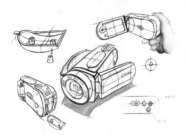

图7-4　电子产品产品设计手绘表现1　　　　　图7-5　电子产品产品设计手绘表现2

（图片摘自：中国设计手绘技能网　http://www.designsketchskill.com）

知识链接

　　在二维空间的平面上，要表现出具有三维空间的立体形态，首先应考虑物品放置的状态，选择什么样的表现角度，确立什么样的视平线，才能做到心中有数、较为真实地表现产品。一件产品具有三至六个面，而各面都有不同的表达内容。

　　表现视角的选择应根据产品重量大小，尊重产品的实际使用状态，这样绘出的产品设计表达作品就比较接近未来产品的实际使用状态。一般情况下我们观察产品有以下三个距离选择。

1．远距离表达——整体的观察

　　远距离表达就是从整体的角度检视一个产品的轮廓、姿态及强调的部分。不需要太在意细节，只要清楚地将你想要表达的东西展现出来就可以了，因为产品的最初雏形在设计开始的时候是非常重要的，如图7-6所示，这款摄像头的远距离表达，就从整体上给消费者一种直观的印象，能大体了解摄像头的外形、不同角度下的特征等。

图7-6　摄像头的产品设计手绘表现

（图片摘自：中国设计手绘技能网　http://www.designsketchskill.com）

　　这个阶段的设计目标是建立设计物三维的大致形体，所以这一阶段应强调轮廓、整体姿态、亮度对比和被强调的部分，这样做不会花费很多时间，但确实很有效。

2. 中距离表达——立体与面的构成

中距离的表现视角很适合观察产品三维的体面和构造，以及形态的特征线型及图案，有利于表现出产品的质量感和动感，如图7-7所示，中距离的电钻设计表现能够突出更多电钻的细节。

图7-7　电钻的产品设计手绘表现

(图片摘自：中国设计手绘技能网　http://www.designsketchskill.com)

[案例一]

不同产品的设计

中距离表达的目标是整体的正确的透视效果及细节的正确透视效果，可以只表现大概的外观结构、特征线条、产品的对称性、量感及动感。运用恰当的夸张画法可以使设计意图更明确。此时还不必太在意细节，如图7-8～图7-10所示，案例中的手绘图都是中距离表达，能够很清晰地看到产品的外观，并正确地表现了产品的透视效果。如图7-8所示，是一款电子产品的手绘图，中距离的表达能够体现该款产品特征，产品的动感和曲线美都能体现。如图7-9所示，是一款电子产品的手绘图，它展示该款产品的立面。如图7-10所示，是钳子的产品手绘表现，以中距离表达表现了它的透视效果和外观。如图7-11所示，是曲球棍的产品设计手绘，以中距离的表现视角表达了产品的特征。

分析：

如图7-8所示，案例中的手绘图都符合中距离的表现视角，这是一个适合表现产品的视角。中距离的表现视角使观者能明显地看到产品的特征，即流畅的曲线、明确的透视及精准的设计细节。如图7-9所示，是电子产品的手绘表现，立面的表现理智且清晰。如图7-10所示，是钳子的手绘表现，正如其他中距离视角一样，该图不仅表现了产品的特征，还将产品的细节表现出来。如图7-11所示，是曲球棍的设计手绘，中距离视角使曲球棍的特征得以呈现，且将其使用方法呈现出来。

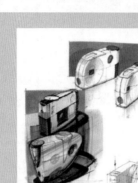
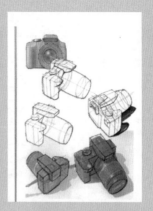

图7-8　电子产品的产品手绘1　　　　图7-9　　电子产品的产品手绘2

(图片摘自：中国设计手绘技能网　http://www.designsketchskill.com)

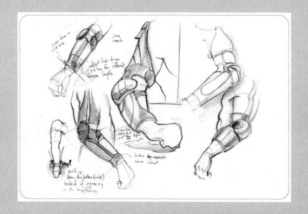

图7-10　钳子的产品手绘图　　　　图7-11　曲球棍的产品手绘图

(图片摘自：中国设计手绘技能网　http://www.designsketchskill.com)

(资料来源：中国设计手绘技能网　http://www.designsketchskill.com)

3．近距离表达——物体细节的展现

近距离表达，实际上就是一般展示或使用某件产品的距离，这时物体的角度变化比较大，细部的处理容易被感受到，例如，产品表面的精致线条、图案和配色都能被察觉，其目视质感也比较强烈。设计师精心打造的产品每一个细节都展现出迷人的魄力而产生最佳的表现效果。在这个距离可以使观者仔细观察和感觉一个新产品的方方面面。因此应该说，这是最有魅力的表现角度，如图7-12所示是一款交通工具的产品设计手绘，设计师选择最能表现该款交通工具特征的角度，即该款车的后部和非常具有特色的轮胎，使消费者对这么个性的车有了更直观的了解。如图7-13所示是典型的物体近距离的设计表现，精细地表现了表盘的细节，使消费者更加了解产品的性能，增加了产品的视觉冲击力。如图7-14所示也是一款表的视觉表现，同样精细地表现了表的细节。

图7-12　交通工具的产品设计手绘　　**图7-13　手表的产品设计手绘①**　　**图7-14　手表的产品设计实体手绘②**

(图片摘自：中国设计手绘技能网　http://www.designsketchskill.com)

(图片摘自：中国设计手绘技能网
http://www.designsketchskill.com)

综上所述，产品设计手绘表达技法与其他具有创造性的工作一样并不是按固定模式进行的。要善于吸收、借鉴和发展自己的独立个性，避免单纯模仿。

知识拓展

在产品设计表现图中也可以结合使用诸如文字、机械制图或模型来表达自己设计构思。在选择使用产品设计手绘表达技法时，应该是灵活的，应尽量少受制约，以准确、快速和经济为准则，可以根据产品设计表达的内容和阶段作适时地调整。

7.1.2　学习产品设计手绘表达的目的

形象化的产品设计表现图比语言文字或其他表达方式对于形象化的思维具有更高的说明性。通过各种不同类型的产品设计表现图，诸如草图、方案图等，能充分说明设计师所追求的目标。许多难以用言语概括的形象特点，如产品形态的性格、造型的韵律和节奏、色彩、量感、质感等，都可以通过产品设计手绘表达的作品来完成，如图7-15所示，这是一款跑车的手绘设计，通过线条的运用和色彩的选择，我们能够感受到这款车型的外形特征、质感及产品的速度感。

图7-15　交通工具的产品设计手绘

(图片摘自：中国设计手绘技能网　http://www.designsketchskill.com)

工业设计是很复杂的创造性活动，设计师的设计创新构思，通过二维视觉产品设计表现图的绘制过程，不断得以改进和提高，这一过程不仅锻炼了设计师的思维能力，而且还对其大脑想象的不确定图形进行了纵向和横向的拓展研究。随着产品设计表达进程的不断深入，设计师的思路渐渐得到延伸，好的设计构思在产品形态表现的过程中不断涌现，它诱导设计师深入探求、发现、完善新的形态和美感，从而获得功能与形态都具新意的创意构思，如图7-16、7-17所示，该款农夫车的设计师就是通过草图来分析和设计造型。这就要求设计师必须掌握快速、准确的表现技巧，将创意构思随心所欲地表现出来，绘制出即准确、合理又客观的产品设计手绘表现图。

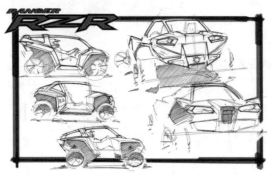

图7-16 农夫车的产品设计手绘1

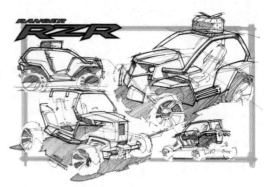

图7-17 农夫车的产品设计手绘2

(图片摘自：中国设计手绘技能网 http://www.designsketchskill.com)

知识拓展

产品设计手绘表现图所表现的内容应该是真实和有新意的。设计师应用手绘表达技法完整地提供有关产品功能、造型、色彩、结构、质感、工艺、材料等诸多方面的形象信息，真实地、客观地表现有关未来产品的实际构想，从视觉感受上沟通设计者、参与开发的工程技术人员和消费者之间的思维链，使观赏者一目了然，而且不应受年龄、性别、职业、国际和时空的限制。

7.2　常用的产品设计手绘表现方法

7.2.1　手绘产品设计构思草图画法

1. 手绘产品设计草图的意义、目的与标准

产品设计手绘表达是工业设计师的专业语言。快速、准确、生动地表现心中的创意且在短时间内及时准确地表现出来，是每个工业设计师所追求的境界。这也是整个构思过程成败的关键，如图7-18所示，是一款鞋子的设计草图，虽然是草图，但表现了产品的特征。如图7-19所示，通过图、文字相结合的方式简单地勾勒出了这款跑车的某个重要部位的效果图。于是，产品设计构思草图就起着非常重要的作用，它不仅可在很短的时间里将设计师思想中闪现的每一个灵感快速地运用可视的形象表现出来，而且还能根据手绘产品设计草图进行修正，进而使设计更加完美，促使设计的完成。

图7-18　运动鞋设计手绘　　　　　　　　　　图7-19　汽车模型设计手绘

（图片摘自：中国平面设计网　http://bbs.cndesign.com）

[案例二]

奥迪概念车设计

　　在草图的创作阶段，设计师可以不追求草图的质量，而是集中于设计方案的想法方面，以便于及时地将灵性的、不完善的想法及初步的形态记录下来，为以后的设计程序提供丰富的方案，并且为今后的修改和比较奠定坚实的基础，如图7-20～图7-22所示。

　　分析：

　　如图7-20～图7-22所示，案例中就是奥迪网站公布的奥迪概念车的设计草图，从这几张草图中可以看出这款概念车的基本形态。

图7-20　奥迪概念车的产品设计手绘1　　　　图7-21　奥迪概念车的产品设计手绘2

（图片摘自：中国设计手绘技能网　　　　　　（图片摘自：中国设计手绘技能网
http://www.designsketchskill.com）　　　　　http://www.designsketchskill.com）

图7-22　奥迪概念车的产品设计手绘3

（图片摘自：中国设计手绘技能网　http://www.designsketchskill.com）

（资料来源：中国设计手绘技能网　http://www.designsketchskill.com）

7

　　手绘产品设计构思草图的表现方法较为简单，一般采用速写的手法，诸如铅笔、钢笔、签字笔、圆珠笔、马克笔、彩色水笔等书写工具及普通的纸张，如图7-23所示就是使用铅笔来绘制产品设计的草图。这种快速简便的方法有助于设计师创意思维的扩展和完善，随着构思的深入而贯穿于设计的过程，如图7-24所示，设计师有时还会在产品设计草图的画面上出现文字的注示、尺寸的标定、颜色的推敲、结构的展示等辅助表达手段。

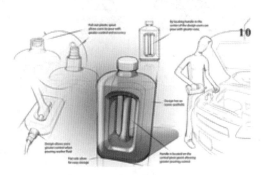

图7-23　Hublot MP-05 LaFerrari手表设计草图　　　　图7-24　油壶的设计草图

(图片摘自：中国设计手绘技能网　http://www.designsketchskill.com)

知识链接

　　手绘产品设计构思草图是设计师将自己的想法由抽象变为具象的一个十分重要的创造过程。它实现了抽象思考到图解思考的过渡。它也是设计师对其设计对象进行推敲理解的第一步，是在综合分析、展开设计、决定生产以及最后出结果等各个阶段很有效的设计表达手段。

　　从草图画法的目的来讲，草图的目的主要有：记录灵感、图解思维、反应设计师的修养和设计能力。

　　准确、快速、生动是草图画法的标准，如图7-25所示。

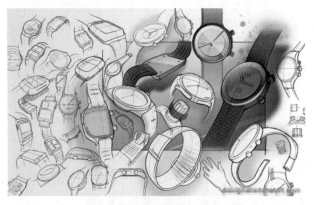

图7-25　手表的设计草图

(图片摘自：中国设计手绘技能网　http://www.designsketchskill.com)

2. 草图画法的特点

手绘产品设计构思草图是设计师在设计过程中自我交流的过程，用于记录设计师的想法及拓展设计师的思路。在绘制方法和尺度上都是多种多样的。草图是设计师在尽可能快速、简洁、概括的情况下记录下来的，为了表达产品的基本特征与信息，而往往省略一些细节，如图7-26～图7-78所示。草图画幅不可画得不可太小，若太小，则细节不易表达清楚，无法进行深入的分析思考。

图7-26　运动鞋的设计草图　　　图7-27　奥迪概念车的设计草图　　　图7-28　快艇的设计草图

(图片摘自：中国设计手绘技能网　http://www.designsketchskill.com)

掌握熟练的设计草图手绘技法需要不断地强化练习，必须多思、多画、多练。在学习各种技法的同时，要善于吸收、借鉴，创造适合自己的独特表达方式。

7.2.2　手绘产品设计方案图画法

1. 方案图意义与作用

随着产品设计创意的逐渐深入，当构思草图达到相当量的时候，为了进行更深层的表达，需将最初概念性的构思再深入拓展，设计师就要择优筛选，确定了可行性较高的优秀创意作重点发展，将最初的构思草图深入展开，产生较为成熟的产品设计雏形。此时，为了便于交流。必须绘出较为清晰、完成的产品设计方案图。如图7-29、图7-30所示，手绘产品设计方案图比构思草图更具有多样化特点，更细致、真实。

图7-29　电子产品设计图　　　　　　图7-30　香水设计图

(图片摘自：中国设计手绘技能网　http://www.designsketchskill.com)

2. 方案图的分类

手绘产品设计方案图根据大致类别和设计要素可分为产品设计方案图、产品设计展示图和产品设计三视表现图。产品设计方案图以启发、诱导设计，提供交流，研讨方案为目的。此时设计方案尚未完全成熟，还有待进一步推敲斟酌，如图7-31所示，这款摩托车的方案图并未成熟，但设计师已经将大概的外形、色彩有了一定的描绘。

产品设计展示图是在较为成熟和完善的阶段。作图的目的大多是在于提供给决策者审定、实施生产时作为依据，同时也可用于新产品的宣传、介绍、推广。这类表现图对表现技巧要求较高，对设计内容要做较为全面的表现。色彩方面不仅要对环境色、条件色做进一步表现，有时还需描绘出特定的环境，以加强真实感和感染力，如图7-32所示，这款产品的产品手绘图就是在色彩方面有了一定的诠释，灰色的底色增加了画面的感染力。

图7-31　摩托车的产品设计方案图

（图片摘自：中国设计手绘技能网

http://www.designsketchskill.com)

图7-32　产品设计展示图

（图片摘自：中国设计手绘技能网

http://www.designsketchskill.com)

产品设计三视表现图直接利用三视图来制作的。特点是作图较为简便，不需另作透视图，对产品里面的视觉效果反应最直接，尺寸、比例没有任何透视误差、变形。缺点是表现面较窄，难以显示所表现的产品的立体感和空间视觉形态，如图7-33所示，这款热水壶的三视图虽然惊喜，但在展现的立体感和空间视觉形态便有所欠缺。

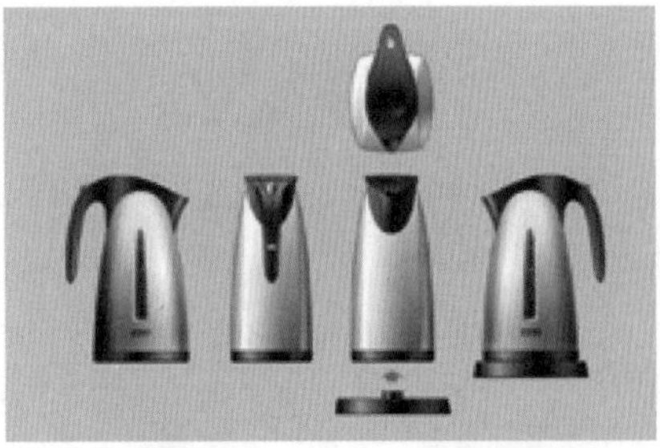

3. 方案图的画法

就实际应用来看，除了初期构思草图外，手绘产品设计方案图在设计过程中应用最为广泛，要求相对较高，也是设计师必须掌握的基本专业技能。手绘产品设计方案图是构思草图的完善与深入，适用于深入分析、推敲设计方案及他人沟通交流并提供选择的余地，同时也是制作手绘产品设计精细表现图的前提准备。当然，处在完善阶段的产品设计表达过程未必是最后的设计结果，还需在反复的评价中进行优化。因此，无须太多深入的细节刻画，但要考虑后期的批量生产和大规模制造。行笔着色一定要有流畅感，要真是地表现产品的材质、固有色和结构，使人理解其形态的曲直高低。

图7-33　产品设计三视图

（图片摘自：中国设计手绘技能网

http://www.designsketchskill.com)

这个阶段，设计师的主要任务就是在有限的时间内，创造出尽可能多的概念方案，并且能够快速表现出来，让别人理解自己的设计意图并首肯自己的设计水准，最终为将构思创意转化为产品并推向市场打下基础。

7.2.3 彩色铅笔画技法

彩色铅笔也是设计师常采用的表现工具。特别是在时间紧、条件有限的情况下，它是相当便利的工具。通常为了表现出材料的特殊色调，要尽可能备齐各种色系的彩色铅笔，如图7-34所示，是市面上常见的某品牌彩色铅笔。

彩色铅笔和其他一次涂满的着色方法不同，需要一边观察整体色调，一点点逐次重复涂上。着色方法要诀是依据普通铅笔的画法，柔和地轻轻作画逐层加深，表现出微妙的明暗和色彩变化，如图7-35～图7-37所示，均是使用彩色铅笔进行描绘的。

图7-34 可以用于产品设计的彩铅

图7-35 产品设计彩铅技法1

（图片摘自：中国设计手绘技能网 http://www.designsketchskill.com）

图7-36 U盘设计彩铅技法

图7-37 产品设计彩铅技法2

（图片摘自：中国设计手绘技能网 http://www.designsketchskill.com）

7.2.4 马克笔画技法

马克笔在使用时要注意，动笔前要胸有成竹，并且一定要果断，不要无目的地反复涂，否则颜色叠加变深，画面发脏；排笔时要轻松准确，避免相互交叉。在弧面和圆角处，行笔要流畅、顺势而变化。马克笔对小型图的表现很方便，对于大图的表现容易出现笔触过碎的感觉。遇到叠压部分颜色会变深，易变化，因此大幅画面要与水彩、水粉合用，但油性笔无法和水彩、水粉融合，如图7-38、图7-39所示，均是用马克笔表现的产品。

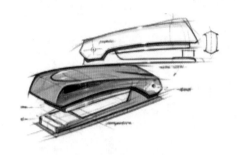

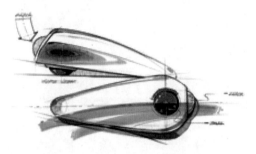

图7-38　产品设计马克笔技法1　　　　　　　图7-39　产品设计马克笔技法2

(图片摘自：中国设计手绘技能网　http://www.designsketchskill.com)

知识链接

　　马克笔又称麦克笔，通常用来快速表达设计构思，以及设计效果图之用。有单头和双头之分，墨水分为酒精性、油性和水性三种，能迅速地表达效果，是最主要的绘图工具之一。马克笔始于20世纪40年代，是一种便于携带、速干、易操作、色彩系列丰富的表现工具。如今，已成为工业设计、室内设计、建筑设计、服装设计等各个设计领域设计师必备的手绘表现工具之一。

　　1．作画步骤

　　(1) 先用钢笔或铅字笔勾勒出产品的形态结构，应注意各细节的精确性和透视效果。

　　(2) 选择适当的颜色表现，注意行笔要干脆流畅，一气呵成。

　　(3) 同一种颜色的笔，重复画几笔，颜色会变深。但也不要重复太多，一是反复涂抹会弄脏画面；二是会降低色彩的饱和度和透明度，使画面不能达到理想的效果。

　　(4) 对画面的一些局部可适当地用遮挡膜遮挡，这样有利于保护已经画好的部分不至于被污染，同时，也有利于大面积背景色彩的铺设。

　　(5) 全部画面基本完成后，使用白色彩铅笔、白水粉色或者白色修改液提出产品主体的高光和亮线，使之更加精细和逼真。

　　(6) 完成后的作品要进行整理和装裱，把与构图无关的画面裁切掉。人称三分画，七分裱，这足以说明了装裱步骤的重要性与必要性。

　　2．练习时需要注意的几个问题

　　(1) 培养正确使用工具的好习惯。

　　在练习中，培养正确使用工具的好习惯是必要的。现实中，所有形体都是由弧线和直线构成的。如果要每个设计师都以徒手绘制精密的形体几乎是不可能的，因为人手具有惯性和方向性，对于弧的控制尤其困难，特别在画透视图中的圆弧时，因在不同角度的视高点观察下，所形成的弧度都不一样。因此为了画出正确的形体，就必须借用精密的辅助工具才行。

还应考虑新旧笔的选择运用，以利不同表现之需求。着色时尽量避免多次重复而且不要太靠近轮廓线，以免将色彩涂出轮廓外。运笔轻重控制适当，切忌重压，以免损害笔头。与其他色彩笔混合使用时，应先使用马克笔绘制出轮廓，然后再用其他色彩笔涂抹。另外，马克笔用后应盖紧收藏于阴暗处，避免阳光直射。

(2) 画出潇洒、规整的笔触。

很多琐碎的笔触叠加在一起，会破坏一个画面的完整性，尤其在画反光面时，更容易出现笔触琐碎的情况。因此，笔触必须一气呵成，贯穿始终，有头有尾，避免因犹豫不定而产生的顿挫、重复、中断、轻重不一样的现象，如图7-40所示，火车机车马克笔的产品设计手绘显得高端、大气。

(3) 涂色应生动。

开始马克笔画技法的练习时，要仔细观察产品结构与各个面上的光线变化，哪怕是反光与投影都要用适当的笔触加以表现。不但要表现出光

图7-40　产品设计马克笔技法3

(图片摘自：中国设计手绘技能网
http://www.designsketchskill.com)

线的微妙变化，还要以笔触突出它们明度、色相的不同特征，这样才不会使画面呆板失真。因此，不能仅仅在画面上看似相同的地方平涂同一色彩了事。

7.3　综合案例解析：电钻产品手绘设计

方案设计说明

在日常使用和人的操纵控制及视觉接触最多的面，应该就是产品正视方向的内容，就自然成了设计师突出表现的视角。在产品设计表现中，设计师通常都将人们最关注的面展现给受众，这样能够使受众更加清晰地了解产品。如图7-4所示，是国外设计师Neuneuland的产品手绘作品，以表现电钻为目标。

电钻是一种在金属、塑料及类似材料上钻孔的工具，是电动工具中较早开发的产品，品种多、规格齐、产量大的广泛使用的工具。电钻换上专用砂轮可切割砖石等建筑材料；换上圆盘钢丝刷可砂光金属表面并除锈，换上抛轮可抛光各种材料的表面。

分析：

设计师将最能表现产品特征的面呈现出来。这两幅图均表现电钻这一产品，如图7-41所示是以马克笔为工具，将电钻的质感、形态、色彩等细节表现得非常好。如图7-42所示，则是以彩铅为工具，将电钻的外在形态利用简洁的线条表现出来。两者虽然工具不同，但都给观者一个非常适合了解产品的体面，这一点在产品设计表现中非常关键。

图7-41　电钻的产品设计手绘表现1

图7-42　电钻的产品设计手绘表现2

(图片摘自：中国设计手绘技能网　http://www.designsketchskill.com)

(资料来源：中国设计手绘技能网　http://www.designsketchskill.com)

 本章小结

　　本章主要介绍产品设计手绘要点。优秀的工业设计师以较清晰的产品设计表现图，将头脑中一闪而过的设计构思，迅速、清晰地表现在纸上，展示给投资、生产、销售等各类人员，以此为基础进行协调沟通，以期早日实现设计构思。通过学习本章内容，读者能够了解产品设计表现，产品设计手绘表现的方法及注意事项。

 教学检测

一、填空题

　　1．产品设计手绘表现图是产品设计的专业化的特殊形象语言，是设计师表达＿＿＿＿＿＿必备的技能。

　　2．产品设计手绘表现图应该是＿＿＿＿＿＿、＿＿＿＿＿＿、＿＿＿＿＿＿具有很强的直观性的图形作品。

3．形象化的产品设计_____或_____对于形象化的思维具有更高的说明性。

4．手绘产品设计方案图根据大致类别和设计要素可分为_____、_____和_____。

二、选择题

1．表现视角的选择应根据产品_____，尊重产品的实际使用状态，这样绘出的产品设计表达作品就比较接近未来产品的实际使用状态。

  A．重量大小   B．质量好坏   C．长度大小   D．面积轻重

2．产品的三个距离包括_____。

  A．远距离   B．中距离   C．近距离   D．较远距离

三、问答题

1．学习产品设计手绘的目的是什么？

2．简述如何用马克笔进行产品设计表现？

第 8 章

产品设计的计算机辅助设计表现

学习目标

- 了解计算机辅助设计对产品设计表现的影响。
- 掌握计算机辅助设计对产品设计表现的效果。

技能要点

计算机辅助设计　　产品设计表现

案例导入

汽车模型设计表现

汽车模型，是完全依照真车的形状、结构、色彩，甚至内饰部件，严格按比例缩小而制作的模型。据不完全统计，近90年来，全世界的汽车生产厂共推出数万种款式的汽车模型，并打破了欧美生产制作和收藏车模一统天下的垄断局面，逐渐发展成为一种风行于全世界的收藏和投资项目。同时汽车模型也是工业设计师设计汽车的初步构想。

随着时代的进步，计算机被应用到工业设计之中。许多设计师使用计算机绘制物品或产品模型。计算机介入产品的设计开发与制造，不仅引起了产品设计方法与程序的变革，对设计本身也带来了很大影响。计算机介入到产品设计中，突出了设计师在创意、构思上的能力，让设计师有充分的时间去思考、判断，去完成设计本身的任务，使设计师的创造力得以最大限度发挥，设计工作也可以更多地在创造、评价与组织设计等更高层次上进行。在产品设计表现领域也不例外，计算机辅助设计的介入使产品设计表现更加标准化、精细化。

计算机的发展也推动了绘图软件的进步。例如 AutoCAD、3D Max、Photoshop 等都已成为当今流行的产品设计辅助软件。

如图8-1所示的宝马汽车模型，设计师使用计算机3D Max绘制草图，然后通过渲染得到仿真实体模型。这样的效果图会使观者更直观地观赏汽车样式，为实体效果带来了更直观的观赏效果。

分析：

如图8-1所示，案例是典型的计算机辅助设计图，该图因为通过计算机技术渲染，使这款车的质感、形态、颜色都表现得非常逼真，使生产流水线上的其他工种及受众能够清晰地看出该款车型的特征。如果设计师对此不满意，随时可以更改绘制方案，既方便又简单。

图8-1　汽车实体模型

(资料来源：中国设计手绘技能网　http://www.designsketchskill.com)

8.1　产品设计计算机表现的基础概念

产品设计表现中使用数字化计算机辅助设计，很好地提高设计制作的速度和质量。解决了设计师因为一个好的方案无法实施的困惑，且计算机表现的手段复制性强，能够使设计师的设计文件进行精准的复制并批量生产。以计算机硬件、软件为支持环境的计算机辅助产品设计系统，用先进的设计方法，通过各种功能模块实现对产品的描述、计算、分析和绘图，以及对各类数据的存储、传递、加工功能。在运行过程中，结合人的经验、知识及创造性，形成人机交互、各尽所长的过程，如图8-2所示，这款汽车的产品设计手绘图是通过手绘和计算机辅助共同完成的。

图8-2　手绘与计算机相结合的效果图

(图片摘自：中国设计手绘技能网　http://www.designsketchskill.com)

8.1.1　计算机时代的产品表现技法

20世纪60年代中期，计算机辅助设计出现并推出商业化的计算机绘图设备。直到80年代中期以来，计算机辅助设计技术进入了百花齐放的繁荣昌盛时期，由于各种硬件平台和软件平台的不断更新，各种优秀的计算机设计软件出现，加之网络和数据库技术的发展，计算机辅助设计以出人意料的速度发展着，如图8-3、图8-4所示，均是利用软件进行的模型渲染。

图8-3　利用三维软件进行概念设计　　　　图8-4　建模后的视觉效果图

(图片摘自：中国设计手绘技能网　http://www.designsketchskill.com)

作为现代设计技术和先进制造技术的典型代表，计算机辅助设计涵盖了计算机辅助设计(即CAD)、计算机辅助工程分析(即CAE)、计算机辅助工艺过程设计(CAPP)和计算机辅助制造(CAM)四个方面的内容。在此，我们将重点针对计算机辅助设计中的计算机辅助工业进行探讨。

知识链接

1972 年，在国际信息处理联合会上，对计算机辅助设计即 CAD 进行了定义：CAD 是一种技术，其中人与计算机结合为一个问题求解组，紧密配合，发挥各自所长，从而帮助人们绘制图形，并为应用多学科方法的综合性写作提供了可能。CAD 是工程技术人员以计算机为工具，对产品和工程进行设计、绘画、分析和编写技术文档等设计活动的总称，其概念和内涵正在不断地发展中。

工业设计是从社会、经济、技术、艺术等多种角度，对批量生产的工业产品的功能、材料、构造、形态、色彩、表面处理、装饰等要素进行综合性的设计，创造出能够满足人们不断增长的物质需求的新产品。工业设计在技术创新、产品成型以及商品的销售、服务和企业形象的树立过程中，都扮演着重要的角色，它是现代工业文明的灵魂，是现代科学技术与艺术的统一，也是科技与经济、文化的高度融合，如图8-5、图8-6所示，很清楚地展示了手绘与科技相融合之后的完美效果。

图8-5　交通工具的手绘　　　　图8-6　交通工具的实体设计

(图片摘自：中国设计手绘技能网　http://www.designsketchskill.com)

计算机辅助产品工业设计又称CAID，随着它的产生，一种新的技法也随之出现：运用三维或平面设计软件进行产品的最终设计方案。以如图8-7所示的摩托车产品表现为例，新的技法的出现改变了设计师从事产品设计的工作流程，也改变了产品设计表现技法的标准，与之前的单纯的手绘相比，计算机效果图更加清晰、更加精准。

图8-7　摩托车实体设计

(图片摘自：中国设计手绘技能网　http://www.designsketchskill.com)

8.1.2　计算机辅助工业设计的表现工具

1. 硬件

计算机技术的发展，工业产品从传统走向信息化。计算机辅助工业设计成为设计人员想要表达设计创造的重要工具和手段。和传统工业相比，设计方法、设计流程、设计质量都发生了变化。

计算机辅助工业设计除了必需的计算机鼠标外，一些适用于该工作的硬件也相继出现。WACOM的产品融合了传统手绘设计与数字化设计，使屏幕和纸融为了一体。如图8-8所示，新帝21UX绘图仪将屏幕扩大到21.3英寸，减少了笔和屏幕的距离。可以使设计工作者体会到全新的概念屏幕上的工作方式。

图8-8　新帝21UX绘图仪

(图片摘自：中国设计手绘技能网　http://www.designsketchskill.com)

2. 软件

在产品设计表现中，如图8-9、图8-10所示，两图是常用的二维软件有Adobe Photoshop、CorelDRAW等。

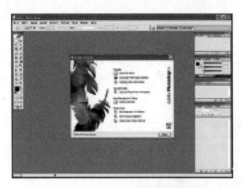

图8-9　Photoshop界面

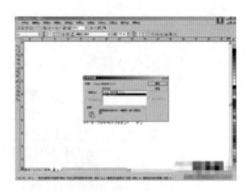

图8-10　CorelDRAW界面

(图片摘自：百度图片)

　　虽然设计师们能用一些如Adobe Photoshop、CorelDRAW 等2D设计软件绘制出精美的最终方案效果图。然而，二维设计软件绘制出一张产品的方案效果图后，客户想从另外一个角度去观测这个产品，设计师不得不重新绘制一张另外一个角度的效果图，因为产品毕竟是一个有空间感的立体实体，而2D设计软件绘制出的效果图不能提供给客户全方位的视野。于是设计师们尝试用新的3D设计软件去表达自己的设计方案，3D设计软件不仅仅能够提供全方位的角度，而且能够提供了更多种丰富的材质表现空间，如图8-11所示，使产品设计师们在表现自己的产品方案时更加全面和完善。设计师常用的产品设计表现3D软件有Pro／Engineer、Autodesk 3ds max、Alias studio和Rhino等。

图8-11　产品设计三维效果图

(图片摘自：昵图网　http://www.nipic.com)

> **知识拓展**
>
> 　　利用 3D 软件来表现产品都有相同的两个阶段：即一是建立数字模型；二是渲染数字模型。建立数字模型就是将产品设计最终方案的概念形体建立成三维实体数字模型。渲染数字模型是指在数字模型建立完成以后首先选择渲染器，其次设置材质、灯光、摄影机等属性，并通过仿真照明计算，得到逼真的渲染可视化的产品模型效果图。当然，2D 与 3D 设计软件在产品设计中并没有完全的承前启后的关系。

8.1.3　计算机表现的发展

　　20世纪90年代以来，以计算机技术为支柱的信息技术的发展是世界经济格局发生变化，逐步地形成了一个体系化的市场，经济循环加大、加快，市场竞争日趋激烈。同时，工业产品由传统的机械产品向机电一体化产品、信息电子产品方向发展，技术含量大为增高。社会的消费观念也不短发展变化，产品的功能已经不再是决定购买的最主要的因素，产品的创新、外观、环保等诸多方面也成了考虑的内容。

产品的虚拟场景互动表现技法是产品设计表现的趋势，是产品设计师表现产品设计方案的一种全新方式。所谓产品的虚拟场景互动表现技法是指利用虚拟现实(Virtual Re—ality, VR)的手段，以数字化的3D模型为载体，全面互动地表达产品设计师的意图，即产品设计方案。由此可见，产品的虚拟场景互动表现技法实际上是在3D设计软件中建立产品及环境的数字模型，然后应用虚拟现实技术将其更完美和合理的表现出来产品的虚拟场景。

8.2　计算机辅助设计表现

工业设计的核心内容是产品造型设计，产品造型设计需要产品设计表达来呈现。所谓产品，是人类生产的物质财物，是具有相应功能的客观实体，是为人类服务的人造物，不是自然物质也不是抽象的精神物质。产品设计是为人类的使用进行的设计，设计的产品是为人所服务的，对于工业设计教育的现状和现代企业的需求，计算机辅助教育是不可省略的一部分，设计专业学生对于相应软件的掌握也是不可忽视的一部分。本章就计算机辅助设计的平面软件和立体软件的使用技法进行分析。

Photoshop是世界级的图像设计与制作处理工具软件，一般用它来进行平面的艺术创作，但正是由于它在细节处理方面的特点。很多产品设计师也用它来表现设计方案。一款产品设计的最终方案肯定不是一种单一主调色的产品，而是针对不同的群体推出不同的颜色方案来吸引消费者。而在手绘效果图的最终方案上改一下颜色都是很麻烦的事情，必须重新来绘制一张图，方能看出效果。现在设计师们只需要用Photoshop软件调节一下图像的色相、饱和度和明度等色彩选项，就可以轻易地得出不同的色彩方案对产品设计的影响效果。

知识链接

相较于三维软件来说，Photoshop 有入门时间较短，学习简单，操作方便，区别于三维软件的建模和渲染两个步骤，只需在平面上绘制的优点，在产品造型设计基础课程教学中得到了充分的运用。

[案例一]

汽车二维渲染教程

Adobe Photoshop，简称"PS"，是由 Adobe Systems 开发和发行的图像处理软件。Photoshop 主要处理以像素所构成的数字图像。使用其众多的编修与绘图工具，可以有效地进行图片编辑工作。PS 有很多功能，在图像、图形、文字、视频、出版等各方面都有涉及。

Photoshop 材质编辑简单，比较三维软件材质编辑的复杂，更适合初学者的掌握、精通，又能表现较手绘更充分的材质效果。环境设置中可以选择现有图片加以处理后作为背景或环境场景,省去了灯光等参数的复杂编辑也大大节省了时间。如图 8-12 ～图 8-23 所示的图形均是设计师使用 Photoshop 生成的效果。

分析：

如图 8-12 ～图 8-23 所示，是设计师 Grigory Bars 的一款汽车二维渲染（数字渲染），利用线稿上色着色渲染。设计师使用 Photoshop 软件，使得整个车型细节比较详细，高光和反光是整个教程的重点，也是最出效果的地方。汽车车身材质（烤漆材质）也显得逼真、自然。

图8-12　交通工具产品设计二维渲染1

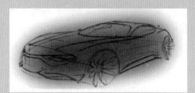

图8-13　交通工具产品设计二维渲染2

图8-14　交通工具产品设计二维渲染3

图8-15　交通工具产品设计二维渲染4

图8-16　交通工具产品设计二维渲染5

图8-17　交通工具产品设计二维渲染6

图8-18　交通工具产品设计二维渲染7

图8-19　交通工具产品设计二维渲染8

图8-20　交通工具产品设计二维渲染9

图8-21　交通工具产品设计二维渲染10

图8-22　交通工具产品设计二维渲染11

图8-23　交通工具产品设计二维渲染12

(资料来源：中国设计手绘技能网　http://www.designsketchskill.com)

知识拓展

Photoshop 的很多特效会产生意想不到的效果，故而可以启发灵感，从而设计出新颖的作用。同时，在进行 Photoshop 学习的过程中，接触到的一些教学范例，也会在学习技术的同时培养审美能力，发现美、分析美和体会美。

随着Photoshop软件等计算机辅助的不断运用，不仅对于产品造型设计有了全新的设计理念，同时对于软件在造型上的应用有了更多的突破，我们应该真正掌握软件的各个方面，这里需要强调的是一个没有创新思维能力的设计者，无论有多么熟练的计算机技能也设计不出好的作品，有正确的设计思维方法是产品造型设计的关键，只有敏锐的眼力、创新的脑力，再加上熟练操作计算机的动手能力才有可能创作出高质量的设计作品，因此正确处理好软件运用和设计的关系，才能使软件为设计所服务。

8.3　综合案例解析：概念汽车二维渲染

方案设计说明

在创意阶段，设计师可通过 Photoshop 快速形成几种方案的平面效果，这样既可以得到比较完整的视觉效果也能大大节省了用三维软件绘制几个三维造型的时间。在草图和效果图阶段，设计师一般会绘制产品的三视图，包括正视图、侧视图、顶视图等，这样可以清晰的多角度表现产品的外观又不需要花时间等待三维软件多个角度的渲染时间。

在产品设计表现的"草图、效果图、结构图、模型"四个环节中，"草图、效果图"两个环节可以用 Photoshop 表现，尤其是特别是在形成最终效果之前的效果图。如图8-24～图8-31所示是来自瑞典 UMEA 的学生绘制的一部时尚概念汽车的二维渲染模型。

分析：

如图8-24～图8-31所示，这些图给初学者提供了详尽的渲染效果，从产品外观出发，到产品的颜色、产品的质感都呈现给了初学者，是一个很好的实体模型的表现。

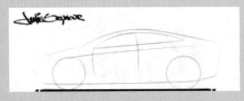

图8-24　概念汽车渲染1

图8-25　概念汽车二维渲染2

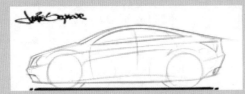

图8-26　概念汽车二维渲染3

图8-27　概念汽车二维渲染4

图8-28　概念汽车二维渲染5

图8-29　概念汽车二维渲染6

图8-30　概念汽车二维渲染7

图8-31　概念汽车二维渲染8

(资料来源：中国设计手绘技能网　http://www.designsketchskill.com)

本章小结

　　以计算机硬件、软件为支持环境的计算机辅助产品设计系统，用先进的设计方法，通过各种功能模块实现对产品的描述、计算、分析和绘图，以及对各类数据的存储、传递、加工功能。本章阐述了计算机辅助设计的背景及计算机辅助产品设计表现的工具，全面地介绍了计算机辅助设计在产品设计表现中的应用。

一、填空题

1．20世纪60年代中期，_____出现并推出商业化的计算机绘图设备。

2．产品设计表现中使用数字化计算机辅助设计，很好地提高设计制作的_____和_____。

3．计算机辅助工业的表现包括_____和_____。

二、选择题

1．下面_____属于绘图软件。

A．Photoshop　　　B．Word　　　C．Excel　　　D．Foxmail

2．_____在技术创新、产品成型以及商品的销售、服务和企业形象的树立过程中，都扮演着重要的角色，它是现代工业文明的灵魂。

A．产品设计　　　B．工业设计　　　C．模型设计　　　D．建筑设计

三、问答题

1．计算机辅助设计的背景是什么？

2．你用过哪些计算机辅助设计的硬件，请写出它们各自的优点。

3．计算机辅助产品设计的二维软件都有哪些，有什么特点？

4．计算机辅助产品设计的三维软件都有哪些，有什么特点？

第9章

产品设计的摄影表现技法

学习目标

- 了解产品设计的摄影表现技法的作用。
- 掌握产品摄影的特征及功能。
- 掌握产品摄影表现的功能。

技能要点

摄影　　产品摄影　　表现技法　　认知功能　　心理功能

案例导入

欧米茄海马系列手表

图像是人接受最快、最直接、最容易识别的信息载体，从视觉传达的角度看，人对图像非常敏感，可促成人的购买欲。因而，在产品设计表现技法中，如何利用摄影来表现产品也成了非常重要的课程。产品摄影表达较其他表现手法来说，对于展示产品的外观、用途、品种、色彩、质感等略高一筹，好的摄影能够使受众眼前一亮，促成购买。

同其他产品设计表现一样，产品摄影是以传播产品信息为目的，以摄影艺术为表现手段的一门专业摄影。摄影知识作为一种手段为产品服务，但同时，它又是一门艺术，通过产品的内容和理念转化为艺术形象，将产品的理念和功能传达给受众。如图9-1～图9-3所示是摄影师拍摄欧米茄的手表，将该款产品的特征表现得淋漓尽致。

分析：

这组产品摄影不仅凸显了手表的形态，而且凸显了该款产品的色彩特征。将这两款手表的色彩、质感都表现得非常清晰，尤其是将两者放在一起对比，使各自的特征更加鲜明。另外，这组产品摄影从角度的选择上也非常考究，中景凸显外形特征，特写凸显内在结构，使观者能清晰地了解产品。

图9-1　欧米茄海马系列手表1

图9-2　欧米茄海马系列手表2　　　　　图9-3　欧米茄海马手表3

9.1　产品摄影的概念

产品摄影在产品设计表现中的地位已经凸显，因其直观性而备受设计师的欢迎。它作为产品设计表现中的一个重要部分，从属于产品设计表现，主要用于工业领域、商业领域和媒体传播领域。产品摄影已成为一种独特的社会文化现象——商业文化。在产品设计表现中，摄影也成了独特的视觉艺术的表现方式。

9.1.1　产品摄影的定义

据相关数据统计，人类大脑从外界获取的信息中有83%来自视觉，摄影图像就身在这83%的视觉元素中。产品摄影将其特征放大，吸引消费者的目光。这就是产品摄影表现相对于其他表现形式的优势和魅力所在。如图9-4所示，将中国传统元素融入现代玩具中，且颜色表现得非常饱满，只有摄影才能达到这种表现效果。

现代社会的经济竞争也是产品摄影表现的竞争。从另一个层面上看，就是视觉冲击力的竞争：要征服受众，首先要征服受众的视觉器官。如图9-5所示是德国军刀的产品摄影表现，它细腻地刻画出了产品的细节。

图9-4　中国传统玩具的摄影表现

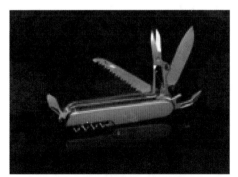

图9-5　德国军刀的摄影表现

知识拓展

产品摄影图像是一种特殊的视觉语言，从真实地记录物象开始，直到把它作为一种信息和语言传递给大众。这个过程只有短短的一百多年，足以见得成长速度之快。直到今天，以摄影手段产生的图像还影响着很多人的思维方式和行为方式。

产品摄影是一种特殊的艺术形式，它既是摄影行业中的一个门类，又是产品设计表现的一个分支。

9.1.2　产品摄影的特征

产品摄影是一种特殊的艺术形式，是产品设计活动与摄影技术的有机结合，开创了产品设计表现的新领域。

产品摄影的特点就是清晰地展现产品的特征，将设计风格通过图像展示给受众，真实地展示商品的外观、用途、品种、质量和色彩，从而使受众眼前一亮，进而促进受众的购买。如图9-6所示，是一组形状相同，但大小各异、颜色不同的瓶子，这幅摄影作品很好地展现了产品的特性。

图9-6　瓶子的产品摄影表现

产品摄影具有以下特征。

1．客观性

产品摄影属于高级专业摄影，能够灵活多样地表现产品内容。客观性是摄影的本质，产品摄影必须客观、真实地表现商品。

2．纪实性

产品摄影有着无可比拟的准确在线能力，它的事实感能够赢得受众的信任。这是任何一种产品设计表现所不能比拟的，产品摄影师经常用这一特征达到精雕细刻产品的目的。

3．瞬间性

摄影大师卡蒂埃·布列松曾说过："决定性瞬间"。摄影对时间性的依赖主要表现在最佳瞬间方面。瞬间性是摄影画面中一种最佳的时间与空间的组合关系。

4．视觉艺术性

产品摄影具有视觉艺术的特征。它运用独特的艺术手段感染受众。产品摄影师通过运用独特的光线、视角、空间、色彩的变化，在产品摄影艺术表现上做到独特、生动，使产品摄影画面具有强烈的视觉艺术感染力。

5．时尚感

时尚是一种潮流，是特定的历史时期最引人注目的过程。时尚是动态的，能够产生广泛的摄影影响力。产品摄影也必须关注时尚，并且运用时尚，使产品得到更有效的传播。这就要求产品摄影师对时尚与流行文化元素有较强的敏感性。

[案例一]

盘子的产品摄影表现

产品摄影具有很多其他表现技法没有的特征。摄影师通过独特的光线、视角、空间、色彩及元素的搭配，可表现出产品的独特性和客观性。这是产品摄影区别于其他表现手法的最大的区别。如图9-7、图9-8所示，是一款盘子的产品设计表现。该产品本身就是一种非常个性的产品，因此在进行产品设计表现的过程中，只要找到合适的搭配元素，并配合灯光和视觉就能很好地表现出产品的特征。

图9-7　盘子的产品摄影表现1

图9-8　盘子的产品摄影表现2

分析：

该案例有一个好处就是产品本身非常个性，这降低了产品设计表现的难度，但摄影师依旧没有懈怠，如图9-8、图9-9所示，选择了一个最能表现产品特征的侧面进行表现，并且选择了颜色鲜艳的苹果作为元素配合表现，突出了产品的个性、增加了画面的生动感。

9.1.3　产品摄影的功能与作用

随着经济文化的发展，产品摄影与人们的生活产生了越来越密切的联系，读图的时代已然到来，产品摄影在社会生活中的地位越来越重要，如图9-9所示，是一款婴儿床的摄影表现，它清晰地表现出了床的外形特征和使用方法。如图9-10所示，是一款沙发的产品摄影，它表现了这款沙发的特征。如图9-11所示，是一款手表的产品摄影，精致的微距摄影清晰地表现了产品的内在构造，方便消费者了解产品。

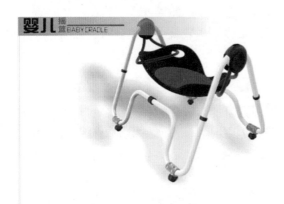

图9-9　婴儿摇篮的产品摄影表现

图9-10　椅子的产品摄影表现

图9-11　手表的产品摄影表现

知识拓展

　　产品摄影图像的表达以传播信息为目的，以信息内容为诉求中心，其根本原则在于发挥它的传播功能。当然，在进行产品摄影的过程中还得考虑其他因素，因为只有美才能给人留下深刻的印象、最能感染人、最易被理解和接受。

　　图像是实用与审美的结合，属于视觉传达的范畴，随着科学的进步不断拓展自己的表现空间和表达方式。对于受众而言，需要准确、直观、迅捷的信息，所以，产品摄影必须真实地表现产品设计主题。如图9-12所示，这款个性台灯的产品摄影表现了产品静雅的主题。如图9-13所示，这款外形奇特的木马只有通过产品摄影才能这么清晰地表达童趣和个性。如图9-14所示，色调的运用、特色外形的展示更加凸显了该款产品的特征，更加真实地表现了产品内容。

图9-12 个性台灯的产品摄影表现　　图9-13 儿童玩具的产品摄影表现　　图9-14 桌子的产品摄影表现

9.2 产品摄影表现的功能

产品摄影通过形态、色彩和形象的组织、设计完成，用图像传递产品的信息。图像传播就是从建立意识到形成潜意识再到无意识，是一个从低级到高级的思维过程。可见，图像就是思维的一种外在形式。图像思维是视觉思维，实际上是将信息以及思维的过程符号化，依靠的是人的直觉、潜意识和无意识。

9.2.1 认知功能

产品摄影的图像设计的"生物场效应"是通过形态、色彩组合等元素刺激人们的视觉感官。在一定量的刺激下形成的适当的"度"，从而产生预期的视觉冲击力。视觉冲击力的形成首先依靠形象的"识别度"，以形象的完整、单纯、动势、对比和明确的指向性来形成。

[案例二]

灯具的产品摄影表现

产品摄影表现的认知功能在于，通过合适的角度和光线，将产品的形态和色彩特征传递给受众，并且能够刺激受众的视觉观感，使其产生购买的欲望。

分析：

如图9-15所示，是一组灯具的远景摄影图。它突出表现了产品的外形及不同产品的异同，使受众能够把握不同产品的不同特征，从而容易产生对比。如图9-16所示，是产品的中景摄影，这个角度能够很好地展示产品的外形，并且能够粗略地表现产品的细节，使受众进一步了解产品。如图9-17所示，是产品的细节图，为受众更好地了解细节提供了说明。

图9-15 灯具的产品摄影表现1　　图9-16 灯具的产品摄影表现2

图9-17 灯具的产品摄影表现3

　　形象的"鲜明度"是指形象吸引人注意力的功能。人对新鲜事物本能地有浓厚的兴趣，容易引起视觉的兴奋，鲜明的形象可以产生强烈的视觉冲击力。如图9-18所示，个性的造型、鲜明的形象，使消费者对这款椅子的造型有深刻的认识。

　　形象的"刺激度"是指通过题材的新颖、色彩的对比、组合方式的变化，与人们熟知的形态造成极大的反差，在矛盾与不合理中形成强烈的视觉冲击力。视觉设计的节奏、韵律和秩序，产生视觉的愉悦度使人赏心悦目，形成记忆。如图9-19所示，将手表和人体的相结合，更加增加了产品的"刺激度"。

　　形象的"可信度"是指所传达的信息应真实可靠，只有在可信的基础上才能形成视觉刺激的深度和广度。如图9-20所示，摄影能够增加该款座椅的可信程度。

图9-18 椅子的产品摄影表现　　图9-19 电子表戒指的产品摄影表现　图9-20 椅子的产品摄影表现

知识链接

　　视觉冲击就是运用视觉艺术，使人的视觉感官受到深刻影响，留下深刻印象。视觉冲击的表现手法可以通过造型、颜色等展现出来，直达视觉感官。视觉冲击力不能只停留在刺激上，产生印象才是目的。"印象度"是通过形态、色彩、题材等方式达到使人过目不忘的效果，最终形成强烈的印象。

9.2.2　心理功能

　　产品摄影的"心理场效应"对应人的社会需求和市场消费心理，经过设计的艺术处理，引发心理共鸣，产生心理震撼力，以强化信息传播的效果。震撼力实际上是某种价值取向的对应，是理性的选择。如图9-21所示，可爱的挂坠不仅有一定的震撼力，还能使消费者产生共鸣。

心理震撼力的形成主要依靠形象的"对应度"。所谓形象的"对应度"是指形象信息的选择要对应人的各种需求。

"引申度"是通过艺术手段、运营情节制造悬念，使信息的传播按设定的轨迹进一步延伸，向纵深方向发展。心理震撼力的形成和形象的"诉求度"紧密相连。形象有解释、说明的功能，它不是表面的视觉刺激，而是以理服人，是理解层面的心理共鸣。这种说服力同样可以化为心理震撼力。如图9-22、图9-23所示的产品既具有一定的说服力，又产生了心理震撼力。

图9-21 创意饰品的产品摄影表现　　图9-22 手表的产品摄影表现1　　图9-23 手表的产品摄影表现2

形象的"艺术度"是采用各种艺术手段，如图9-24、图9-25所示，通过造型、色彩、题材、风格、内容等根据不同的取向产生类比、拟人等艺术方式，从而产生强大的艺术感染和心理震撼力。

图9-24 床的产品摄影表现　　　　　图9-25 概念车的产品摄影表现

9.2.3 视觉传达功能

如何使图片有视觉感染力？首先，观察事物。观察相机前即将成像的事物，在按下快门前，将眼前的景物预想成一张照片。当然，通过取景框观察更好。其次，观察照片如何传达视觉。摄影将三维空间的事物瞬间变成二维化。即使你当时将实景记得一清二楚，但事物还是被抽象化了。

那么，该如何进行产品设计摄影的表现呢？

1．直接表现

直接表现是产品摄影中最"原始"的表现手段，其表现特点是对商品形象直接进行描绘。采用这种方法需要考虑消费者对商品的要求，不能进行任何"变形"处理。产品摄影追求的目标是通俗易懂、简洁明快的图像语言，这样才是达到强烈视觉冲击力的必要条件，以便于公众对广告主题的认识、理解与记忆。如图9-26、图9-27所示，两图不仅表现了产品的特征，还将使用方法表现给了消费者。

图9-26　办公用品的产品摄影表现

图9-27　椅子的产品摄影表现1

2．间接表现

和直观不同的是，间接表现效果不以直接展示商品本身的形态、质感为目的，而是注重艺术表现和情感渲染。如图9-28所示，这组椅子的摄影极具艺术感染力和表现力。

图9-28　椅子的产品摄影表现2

3．突出特征

突出特征即抓住事物独具的个性，把它与众不同之处鲜明地表现出来的方法。这些特征一般由事物的形象、性质、用途与使用功能决定，不整体再现商品全貌，是对产品"某一局部"进行重点表现，这也是该产品与同类产品有明显差异的部位，以展示出商品的个性。如图9-29所示，这幅摄影图表现了产品的使用功能。

图9-29　椅子的产品摄影表现3

9.3 综合案例解析：苹果电视的产品摄影表现

方案设计说明

　　图像语言是一种跨越国界的语言，它能够克服来自不同地域的语言交流的不便，并且从传播速度和承载的信息量来说都远远优越于文字信息的传播，具有强大的视觉感染力。产品摄影语言的视觉传达特点是将三维空间的事物平面化，存于大脑中的产品意念形象化和视觉化。如图9-30、图9-31所示，该案例中的摄影作品都是表现苹果品牌的电视，将其外观展示给大家。精美的商业摄影能够展示出产品漂亮的外观，从而吸引消费者，使其产生购买欲望，以达到推销商品的目的。

　　分析：

　　如图9-30、图9-31所示，将产品的正反两面表现出来，将平面的信息传递给受众，使受众能够更清晰地了解产品。由此可见，产品的摄影表现起到了视觉传达的功能。

　　摄影师还以古香古色的墙壁作为背景，将复古与时尚完美地融在一起，展示出产品的独特的韵味。位于电视下方的拖台，所产生的影子使得整个画面产生了立体感，这也是摄影创作表现出的技法。

图9-30 苹果电视摄影正面

图9-31 苹果电视摄影背面

拓展阅读

　　苹果电视机是美国互联网科技公司的一款智能电视机产品。目前关于苹果电视机仅见于一些媒体报道，正式的产品还没有推出。但是从苹果公司的产品研发路线来看，苹果公司很有可能在不久的将来推出自己的电视机。

产品摄影在产品展示中起着非常重要的作用，它能展示出产品的真实造型。本章主要介绍了摄影在产品设计中的表现技法，包括产品摄影的定义、特征、功能以及作用。通过学习本章内容，使读者能够体会出产品摄影的魅力，学会利用摄影技术表达产品的特征。

一、填空题

1. _____在产品设计表现中的地位已经凸显，因其直观性而备受到了设计师的欢迎。

2. _____是一种特殊的视觉语言，从真实地记录物象开始，直到把它作为一种信息和语言传递给大众。

3. 产品摄影具有_____、_____、_____、_____、_____5个特征。

二、选择题

1. 下面哪个_____选项属于产品摄影表现的功能。

　　A．认知功能　　　B．心理功能　　　C．视觉传达功能　　　D．宣传功能

2. _____是产品摄影中最"原始"的表现手段，其表现特点是对商品形象直接进行描绘。

　　A．展现细节　　　B．突出特征　　　C．间接表现　　　D．直接表现

三、问答题

1. 产品摄影的功能与作用分别是什么？

2. 产品摄影表现的功能是什么？

3. 如何使图片有视觉感染力？

第
10
章

产品设计表现的趋势

学习目标

- 了解产品设计表现的趋势。
- 了解产品设计表现的每种趋势的特征。

技能要点

艺术表现　　技术呈现　　人体工程学

案例导入

餐具包的产品设计

　　产品设计表现在于表现产品的设计风格、还原物件的真实感。为了此目的，设计师绞尽脑汁设法设计出不一样的产品及不一样的表现作品。该案例中就是一组新颖的产品设计表现。如图10-1～图10-6所示，这组案例主要是为厨师设计的餐具包，通过不同的表现手法和工具进行表现，融合了彩铅手绘、马克笔手绘、摄影、示意图等多种手法，全方位地为受众展示了这款产品的特征和优势。

　　分析：

　　如图10-1～图10-6所示，设计使用不同的表现手法展示餐具包的设计效果。如图10-1所示，结合人物与之展现出餐具包的用法以及方便性。如图10-2所示，将餐具包放大显示，更加详细地突出其细节特征，还以凸显出餐具包的立体效果，全方位展示餐具包。如图10-3所示，展示出实体样式的餐具包，让人更直观看到餐具的装备用法，对推销商品有极强的推动力。如图10-4所示，它是一个三维动画的餐具包设计，设计者用三维软件绘制出餐具包模型，并配上刀具，为生产实体模型作前期准备。如图10-5、图10-6所示，是最终的餐具包实体效果，体现出设计的轻便性。

　　设计表现能够体现设计师的风格及设计师的思想，这款产品设计表现通过手绘、摄影、示意图和模型等手段，通过不同的工具阐释了设计思想，表达了该产品的与众不同。

图10-1　餐具包的产品草图设计1　　　　图10-2　餐具包的产品草图设计2

(图片摘自：中国设计手绘技能网　http://www.designsketchskill.com)

图10-3　餐具包的产品实体设计3　　　图10-4　餐具包的产品实体设计4

(图片摘自：中国设计手绘技能网　http://www.designsketchskill.com)

图10-5　餐具包的产品实体设计5　　　图10-6　餐具包的产品实体设计6

(图片摘自：中国设计手绘技能网　http://www.designsketchskill.com)

(资料来源：中国设计手绘技能网　http://www.designsketchskill.com)

10.1　打破固有的思维与制作模式

随着工业的发展和人们生活水平的提高，产品设计表现作为产品生产流水线中重要的一环，根据当下形势的不同有了新的发展。设计表现在新的设计需求中发展了很多趋势，并且提出了产品设计表现的本质是交流和沟通的方式，是艺术化语言与技术语言融合。其今后的发展将更加多元化，更具有实效性，同时具有地域和文化特征以及向个性化方向发展。同时，计算机技术的飞速发展势必会与产品设计表现结合地更加紧密，如图10-7所示，就是和人体工程学相符的产品设计表现图。

图10-7　简易刮胡刀的产品设计

(图片摘自：中国设计手绘技能网
http://www.designsketchskill.com)

从图10-7中可以看出，该产品是一款相当简洁的刮胡刀，显然，其融合人体工程学的相关知识，将该产品的中间部分做成曲线形，从外观上更加美观，更重要的是，方便人们的使用。

一位设计师锻炼表现能力的过程中需要非常多的时间和精力，必须花费很大的功夫，才能找到适合自己表现的风格和路子。然而，就像习武一样，练习武功从无法到有法，最高境界还是回到无法。产品设计表现为了便于理解，需要一些固定的模式进行表现，这些程式化的绘图方式会让每一位设计师达到表现的高境界。

从工业化大生产时期，由于很多工艺和模具很难实现。随着制造业的兴起，加工工艺和能力不断提高，表现方式也有所突破。很多产品都已经出现了自然型和有机形态。

介于此，产品设计表现的手法也应该突破固有的模式和程式化的模式，摆脱过去的老套，适应产品设计发展的需要，使产品设计表达向更高的境界发展。

[案例一]

新颖的产品设计

背景介绍：

就像毕加索画素描人像从脚部开始画起一样，打破常规从整体入手，其前提就是他已经具备很好的写实功底和掌握了大量的处理手法。由此可见，随着工艺的发展和科技的发展，设计师的表现手法也应该打破固有的思维模式。如图10-8～图10-10所示，打破常规的设计产品会得到意想不到的效果，无论从外观，还是实用性，都符合人们的使用需要。

分析：

如图10-8所示，设计师将二维与三维结合，既表现了产品，又能展现用户体验。如图10-9所示，设计师用非常洒脱的形式展现了一组非常个性的椅子。如图10-10所示，则将产品植入一个特定的环境中，让人非常直接地感受该产品与环境的共通性。

图10-8　沙发的产品设计　　　　图10-9　椅子的产品设计

(图片摘自：中国设计手绘技能网　http://www.designsketchskill.com)

图10-10　公共设施的产品设计

(图片摘自：中国设计手绘技能网　http://www.designsketchskill.com)

(资料来源：中国设计手绘技能网　http://www.designsketchskill.com)

那么，如何打破固有的模式？在进行产品设计表现的时候用最自然的形式进行表达是最好的办法，如图10-11、图10-12所示，设计师将平板计算机最真实自然的一面表现给了消费者，虽然看似简单，实则能够让消费者更加清晰地了解产品性能。

图10-11 平板计算机设计1

图10-12 平板计算机设计2

(图片摘自：中国设计手绘技能网 http://www.designsketchskill.com)

虽然产品设计表现离不开基本的绘画功底、程式化的表现方法和手段，但如今，产品设计表现不应该被那些永久不变的条条框框所束缚，而是应该回归到人类最真实的反映思想的一面，如图10-13所示，将电钻的颜色与女性唇彩的颜色类比，效果很好。如图10-14所示，将同一款电钻用蓝灰色打底，用体现了产品的刚硬程度。如图10-15所示，在设计表现中融入色彩的搭配，不仅能够凸显产品的特征，还满足了受众的审美。

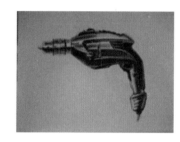

图10-13 电钻的产品设计1

图10-14 电钻的产品设计2

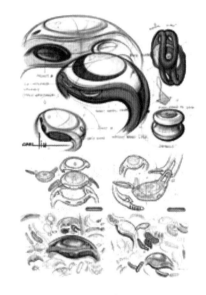

图10-15 手表的产品设计

(图片摘自：中国设计手绘技能网 http://www.designsketchskill.com)

知识拓展

设计表现风格化也是设计师自然流露的一种方式。通常，日本的设计比较严谨，相对表现也非常严谨；美国的设计比较具有想象力，设计表现也相对大胆奔放；英国人喜欢水彩，于是在设计表现中也会有朦胧的表现。而中国设计在起步较晚的情况下，也应该有设计师开辟出一条符合自己风格的较为自然的表现风格。

10.2　产品设计的相连方向

　　如今，工业设计学科的交叉发展已经成为必然趋势，在进行工业产品设计的过程中，设计学、人体工程学、工学、社会学、艺术学等各领域的知识和人员都有可能参与到一个产品的设计中，如图10-16～图10-18中，工业设计与艺术学相融合，产生了精美绝伦的首饰。当信息、电子、生物、材料、网络等技术领域不断发展的过程中，当东西方文化在全球化设计大潮总发生碰撞的时候，设计理念需要向更多的领域渗透，被更多的人所认识。

图10-16　珠宝首饰的产品设计1　　图10-17　珠宝首饰的产品设计2　　图10-18　珠宝首饰的产品设计3

(图片摘自：中国设计手绘技能网　http://www.designsketchskill.com)

　　设计中的头脑风暴、评估讨论将是众多人员协商、沟通必不可少的环节。设计思维的表现虽然没有专业的语言科研，但每个人都会通过自己领域的专业知识表达自己的观点，没有专业的限制，只为同一个目标。这就是设计的渗透，如图10-19所示，设计师通过与人体工程学的结合，设计出的安全头盔的产品。如图10-20所示，手机的设计集合了不同领域专业的知识。

图10-19　头盔的产品设计　　　　　　　　图10-20　手机的产品设计

(图片摘自：中国设计手绘技能网　http://www.designsketchskill.com)

　　设计呈现给我们的视觉感受和体验也不断地向各个专业领域渗透并产生融合。设计的表达看似已经和我们原本认为的工业时代设计语言有了质的变化，但其实设计的表达更加专业化了。工业发展到一定阶段需要有产业进一步的提升，需要与信息产业、文化产业及其他产业交叉发展，设计也同样应该适应这样的变化。如图10-21所示，笔记本电脑随着时代的进步而变化，由最初的台式机转变为轻薄的笔记本。又随着人们的需要程度，笔记本实现的功能也越来越完善，连接的设备也越来越多。由此可见，设计的视觉化过程也在朝着更符合各个专业领域的人所能认同的方向发展。这样的渗透需要设计人员与相关专业人员之间的联系更加紧密。设计表现的方式需要更加多样化。

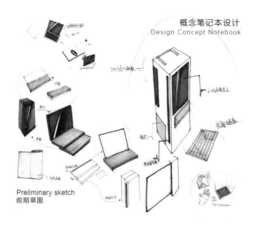

概念笔记本设计
Design Concept Notebook

Preliminary sketch
前期草图

图10-21 概念笔记本的产品设计

(图片摘自：中国设计手绘技能网 http://www.designsketchskill.com)

与其他学科的融合还体现在，随着科学技术的发展，与计算机技术的融合更进一步。设计师采用灵活的途径，把动手方法与计算机辅助和各种不同的软件结合起来。起初，设计师采用完全手绘的方式进行。随着计算机的出现，设计表现开始与计算机结合，主要表现在，用纸和笔开始最初的设计，将点、线定位准确的草图扫描到计算机里，用设计软件进行上色。而现在的产品设计表现正向着无纸化的趋势发展。

[案例二]

Ringen手表设计二维渲染效果图

手绘草图有时候会出现数据的偏差，而此时就可借助计算机的数据寻找基准。由此可见，计算机的辅助设计已经成为必然的趋势。如图10-22～图10-24所示，从一开始的草图阶段就借助计算机绘制手表的轮廓，到了后期还通过计算机软件进行深入的表现和最终的渲染，使产品的细节一览无余地展现给观者。

分析：

该案例是利用计算机软件进行产品设计表现能够更好地凸显产品的性能和特征的典型案例，非常具有代表性。如图10-22～图10-24所示，将产品的细节真实客观地展现给大家，非常值得学习。

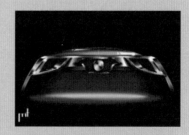

图10-22 Ringen手表设计 二维渲染效果图1　　图10-23 Ringen手表设计 二维渲染效果图2　　图10-24 Ringen 手表设计 二维渲染效果图3

(图片摘自：中国设计手绘技能网 http://www.designsketchskill.com)

(资料来源：中国设计手绘技能网 http://www.designsketchskill.com)

10.3　艺术与工业的交融

对于产品设计表现而言，表现是一种沟通交流的方式。尤其是面对如今全球化设计大潮的形势下，设计已经不是一位设计师单独完成的作品，而是一个团队进行一系列技能化的复杂活动。例如：苹果的iMac，是一个内部技术与外观美学交融到一起，从而达到的艺术鉴赏程度较高的工业产品。它所具有的商业价值和市场前景，也不仅仅在于它将"装饰"带入"设计"的体系中，还将产品设计带进了追求优美和独特风格的时期，如图10-25所示。

图10-25　iMac产品设计表现

（图片摘自：中国设计手绘技能网
http://www.designsketchskill.com)

设计绝对不是为了形式而形式，而是一个在众多条件限制和制约下进行优化和整合的过程。在考虑用户需求、市场状况、可行性分析、审美情况等诸多要素之后，设计师如何协调好多数人有价值的意见，并找到最优的产品解决方案，就必须从最初的思考开始一步步地沟通与协调。正是这种协同作战方式要求设计表现将更加快速。设计表现作为设计的沟通交流方式已经打破了艺术表现与技术表现的界限，将是体现设计师创造性活动的有效证明。相对最终产品，设计表现更能洞悉和领悟设计师的思想灵魂。

[案例三]

面包机产品设计

设计师关注的问题通常是设计的闪光点，这些构思想要表现出来必须通过手绘稿来实现。该案例就呈现了一款不一样的面包机：把面包机当厨房装饰的概念设计在墙上，不仅省地方方便，而且可以当一件艺术品挂在那。该案例中的面包机就是这样的艺术品，将面包机挂在墙上的设计，在设计初期，产品表现能领悟设计师的思想并且还能找到最佳的设计方案。

分析：

如图 10-26、图 10-27 所示，该款面包机的设计师除了将面包机的外形和性能作为表现的重点之外，另外还将产品的闪光点——壁挂式作为表现的重点，这样一来，能够使受众清晰地了解产品的作用和特征。

图10-26　面包机的产品设计1

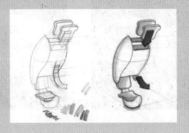

图10-27　面包机的产品设计2

（图片摘自：中国设计手绘技能网　http://www.designsketchskill.com)

（资料来源：中国设计手绘技能网　http://www.designsketchskill.com)

设计最初是凌乱且无序的，其手段却可以非常形象，如图10-28、图10-29所示。此时，设计师就会在沟通与协调的过程中逐步地整理出头绪，从理性的角度分析这些概念，并于让更多的人理解和提出有价值的建议。因此，设计表现的实质是设计师用来沟通与交流的特有方式。

图10-28　台湾设计师Hank Chen的设计草图1　　图10-29　台湾设计师Hank Chen的设计草图2

(图片摘自：中国设计手绘技能网　http://www.designsketchskill.com)

产品设计表现的表达方式并不拘于一种形式，设计表现在不同的阶段具有不同的形式。有些是描述一个概念，如图10-30所示，有些是展现一个形态，如图10-31，有些是展示某种操作方式。随着设计的不断深化和细化，这些都体现了设计思维的延续性。

图10-30　奥迪的概念设计　　　　　　图10-31　运动鞋的形态表现

(图片摘自：中国设计手绘技能网　http://www.designsketchskill.com)

随着计算机技术的发展，设计师可选择的表现方式越来越多。但无论设计表现的形式在今后的发展中有怎样的变化，都还是可以归纳为两大块，即二维绘图方式表现和三维数据模型表现。

知识链接

今后的发展趋势是，设计人员可以与其他人员一起在同一张纸上作画，甚至可以通过网络，在不同的地方却在同一个界面上作画。设计师每修正一条曲线，三维数据就会及时变更，三维模型也会实时显现。这种表现语言也会进一步的无障碍。

10.4　综合案例解析：游戏眼镜的产品设计表现

方案设计说明

新颖的产品设计创意与新颖的产品设计表现相结合，会使整个产品显得非常吸引人的研究，该案例就是一个典范。该案例从人们的使用状态出发，绘制了该款产品的使用方法。由于该款游戏眼镜本身的先进性和科技性，使产品设计表现与产品本身相结合，两者都具有令人耳目一新的感觉。

分析：

如图10-32～图10-34所示，由于这款产品本身具有很强的科技型，因此，如果单纯地绘制该产品可能不会表现出来产品的特征。该设计师将产品与人体相结合，不仅表现了产品还诠释了使用方法，非常新颖。

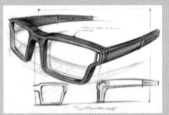　　

图10-32　3D游戏眼镜设计1　　　图10-33　3D游戏眼镜设计2　　　图10-34　3D游戏眼镜设计3

 **本章小结**

本章主要介绍产品设计给人们带来的方便以及未来的发展趋势，在精神文明与物质文明飞速发展的今天，产品设计表现也应该不拘于传统的表现形式，向更人性、更跨行业、更高科技的方向发展。本章作为全书的总结章，总结了产品设计表现的三个发展趋势，这就体现了产品设计表现在今后的发展中不仅能够多元化，而且还能够真正做到艺术与工业的融合，从而找到最人性化、最合理的方式。

 **教学检测**

一、填空题

1．随着工业的发展和人们生活水平的提高，_____作为产品生产流水线中重要的一环起着非常重要的作用。

2．虽然产品设计表现离不开基本的绘画功底、_____和手段。

3．设计呈现给我们的视觉感受和体验也不断地向_____。

二、选择题

1．在进行产品设计时，设计师需要考虑_____。

    A．用户需求   B．市场状况   C．可行性分析   D．审美情况

2．对于产品设计表现而言，_____是一种沟通交流的方式。

    A．设计   B．艺术   C．设计   D．表现

三、问答题

1．从设计师的角度看，产品设计表现如何与其他工业行业融合？

2．产品设计表现的趋势是什么？

10

检 测 答 案

第1章

一、填空题

1．具象的可视化物体
2．社会的跨越式发展
3．三维立体形态实体

二、选择题

1．A   2．B

三、问答题

（略）

第2章

一、填空题

1．表情型
2．对称与平衡
3．对比

二、选择题

1．B   2．D   3．C

三、问答题

（略）

第3章

一、填空题

1．透视法；透视图
2．正投影的透视
3．位置

二、选择题

1．D   2．C

三、问答题

（略）

第4章

一、填空题

1．素描
2．虚构情景
3．自然造型；人为造型

二、选择题

1．A   2．B   3．D

三、问答题

（略）

第5章

一、填空题

1．速写
2．产品的外观结构
3．物体的质感

二、选择题

1．B   2．A   3．D

三、问答题

（略）

第6章

一、填空题

1．将各要素按照美的形式有机地组合，形成一个新的形态
2．点；线；面
3．波长；振幅

二、选择题

1．A   2．B   3．C

三、问答题

（略）

第7章

一、填空题

1．设计创意
2．准确；清晰；自然
3．表现图比语言文字；其他表达方式
4．产品设计方案图；产品设计展示图；产品设计三视表现图

二、选择题

1．A　　　　　　　2．A；B；C

三、问答题

（略）

第8章

一、填空题

1．计算机辅助设计
2．速度；质量
3．硬件；软件

二、选择题

1．A　　　　　　　2．B

三、问答题

（略）

第9章

一、填空题

1．产品摄影
2．产品摄影图像
3．客观性；纪实性；瞬间性；视觉艺术特征；时尚感

二、选择题

1．A；B；C　　　　2．D

三、问答题

（略）

第10章

一、填空题

1．产品设计表现
2．程式化的表现方法
3．向各个专业领域渗透并产生融合

二、选择题

1．A；B；C；D　　　　2．D

参 考 文 献

[1]李和森，章倩砺，黄勋. 产品设计表现技法[M]. 武汉：湖北美术出版社，2010.

[2]刘国余. 产品设计创意表达：草图[M]. 北京：机械工业出版社，2010.

[3]苏颜丽，胡晓涛. 产品形态设计[M]. 上海：上海科学技术出版社，2010.

[4]张锡. 设计材料与加工工艺[M]. 北京：化学工业出版社，2010.

[5](英)拉夫特里著. 产品设计工艺经典案例解析[M]. 刘硕，译. 北京：中国青年出版社，2010.

[6]朱宏轩等. 产品设计手绘表达[M]. 北京：海洋出版社，2010.

[7]丁玉兰. 人机工程学[M]. 北京：北京理工大学出版社，2011.

[8]张恒国. 马克笔工业产品设计表现技法[M]. 北京：人民邮电出版社，2013.

[9]陈新生. 手绘室内外设计效果图[M]. 合肥：安徽美术出版社，2014.